职业教育国家在线精品课程配套教材

教育部课程思政示范课程配套教材

Chinese cuisine technology

中式菜肴制作

（活页式）

主编　常福曾　艾翠林

副主编　王炎超　杨孝刘　杜兴旺

参编　（按姓氏笔画排序）

孙琳莉　杨清　杨连军　何珊

何渊　况野　张亚鹏　陈天鹏

周伟　胡勇　莫重侃　黄钰

盛佳　鲁磊　蔡犇　蔡雅琼

华中科技大学出版社
http://press.hust.edu.cn
中国·武汉

内 容 简 介

本书是职业教育国家在线精品课程配套教材、教育部课程思政示范课程配套教材。

本书共分为 7 个模块，包括：蔬菜类菜肴制作、畜肉类菜肴制作、禽肉类菜肴制作、水产类菜肴制作、菌藻类菜肴制作、果品类菜肴制作、豆制品类菜肴制作。

本书可供餐饮类专业学生使用，还可供相关从业人员和餐饮爱好者使用。

图书在版编目（CIP）数据

中式菜肴制作：活页式 / 常福曾，艾翠林主编. —武汉：华中科技大学出版社，2024.1
ISBN 978-7-5772-0322-5

Ⅰ.①中…　Ⅱ.①常…　②艾…　Ⅲ.①中式菜肴—烹饪　Ⅳ.①TS972.117

中国国家版本馆CIP数据核字(2024)第021624号

中式菜肴制作（活页式）　　　　　　　　　　　　　　　　常福曾　艾翠林　主编
Zhongshi Caiyao Zhizuo (Huoyeshi)

策划编辑：汪飒婷
责任编辑：余　琼
封面设计：金　金
责任校对：李　琴
责任监印：周治超
出版发行：华中科技大学出版社（中国·武汉）　　　电话：（027）81321913
地　　址：武汉市东湖新技术开发区华工科技园　　　邮编：430223
录　　排：华中科技大学惠友文印中心
印　　刷：武汉科源印刷设计有限公司
开　　本：889 mm×1194 mm　1/16
印　　张：19
字　　数：548千字
版　　次：2024年1月第1版 第1次印刷
定　　价：69.90 元

投稿邮箱：3325986274@qq.com
本书若有印装质量问题，请向出版社营销中心调换
全国免费服务热线：400-6679-118　竭诚为您服务

近日忙于琐事，今日终得闲暇，拿起案头上《中式菜肴制作（活页式）》的教材稿件读了起来。十月的武汉已没有了夏日的燥热，徐徐清风从窗外吹进，撩起纱幔，送入一丝清凉，似乎蝉鸣也消停了不少。不知不觉已过午夜，在阅读中时光总是那么匆匆。或许沉浸在阅读中，时间会变得缓慢，但或许更是被这本稿件深深吸引了。

"人以食为天"，中国自古以来都将"吃"作为保生存的头等大事。"燧人氏"教会人们用火烹饪食物，烹饪技术的传承自此有了开端。随着时代的变迁，烹饪人才的培养也从口传心授，转变为如今专业化、职业化的培养方法，虽皆为传承，但传承的效率却得到了大幅度的提升。

目前已经进入二十一世纪二十年代，烹饪技术的教材也在发生日新月异的变化与革新。党的二十大报告中指出："统筹职业教育、高等教育、继续教育协同创新，推进职普融通、产教融合、科教融汇，优化职业教育类型定位。"2019年，国务院印发《国家职业教育改革实施方案》，指出职业教育与普通教育具有同等重要地位。这些从国家层面为烹饪人才培养提供了依据。

更为欣喜的是，我在《中式菜肴制作（活页式）》这本教材中，发现了编者对烹饪人才培养的教学方式和理念也在不断地创新，着重解决了中餐烹饪专业教授过程中遇到的瓶颈问题。

在这本教材中，有几个方面，很是让我眼前一亮。

紧跟时代，校企结合

过去，我们在烹饪教学中非常注重技法的传授，一板一眼地执行教学任务。但是，我们忽略了烹饪技法传承的行业属性和社会属性。中职学生将来可能会升到大学继续深造，也可能会进入餐饮企业的厨房，成为真正的烹饪行业从业人员。那么，我们的教学仅仅停留在学校的层面，与社会餐饮行业和企业脱节，还能培养出合格的烹饪人才吗？

我在《中式菜肴制作（活页式）》中找到了答案，编者和教师们不走寻常路，所用的工作任务的教学模式让我深受启发。学生通过不断地"轮岗"，在有限的课时中，尽可能地学到不同岗位的专业知识，并且进行了实践。这种"校企结合"的方式，很能打通学校与社会餐饮行业之间的鸿沟，让学生无障碍地跨越实习阶段，顺利进入职业模式。

科教融合，创新教学

现代的网络科技无处不在，一个小小的二维码背后蕴藏着科技的智慧。把二维码放入教材中，只需要手机扫描，就能看到学习内容的完整视频。这是时代的进步，也是编者和教师们的创新。回想当年自己当学徒的时候，只能在烹饪现场用眼睛看、耳朵听，这是多大的跨越啊。

以人为本，自主学习

人是有惰性的，培养内在的驱动力是学生们在学习中遇到的最大的障碍。怎么学，用什么方法学，学几遍，这些都不是能通过简单的文字叙述或者通过解答几道思考题而得出答案的。这本教材中以人为本的设计：自主学习—小试牛刀—厨王争霸，学生通过三次做同一道菜品，不断地自我总结，经历成长，体验成就感，找到解决问题的办法——这不就是调动了学生的内在驱动力的方法吗？更让人感到温馨的是，最后让学生为自己家人做这道菜，展示成就，获取家人的赞赏。

共享经验，传承技术

编者是用心的，不仅用心教学，也用心传授成功的教学经验。没有故步自封，也没有"敝帚自珍"。他们将十多年的中餐烹饪教学经验，浓缩成一本薄薄的教材，向全国共享他们的经验。

培养烹饪行业人才，精心传承中国传统烹饪技术，是我们所有中餐烹饪教学工作者的共同使命。这本教材的编者用他们的心血，将这种传承付诸实践，为中国中餐烹饪人才的培养贡献了他们的力量，他们更值得我们尊敬！

感谢编者！

中国烹饪协会文旅特色美食发展委员会主席
世界中餐业联合会名厨委副主席
中国烹饪协会特邀副会长
湖北省烹饪酒店行业协会执行会长
湖北经济学院旅游与酒店管理学院教授

本书编者在认真学习领会中共中央办公厅、国务院办公厅印发的《关于深化新时代学校思想政治理论课改革创新的若干意见》和教育部印发的《职业院校教材管理办法》等文件基础上，根据中等职业学校中餐烹饪专业教学标准确定的专业课程的主要教学内容，结合课程设置递进性与烹饪技术学习基本规律编写了本书。本书在规划、编写、审核等环节都严格执行相关文件精神，围绕培养高素质高技能型人才的目标确定编写架构、内容及资源建设方案，充分体现了教材的职业性、规范性和引领性。

本书具有以下几个显著特点：

一、将思政元素融入学习任务

本书编写团队 2021 年获评教育部课程思政示范团队，在编写过程中深入贯彻落实习近平新时代中国特色社会主义思想和党的二十大精神，贯彻落实习近平总书记关于教育的重要论述，特别是在学校思想政治理论课教师座谈会上的重要讲话精神，创造性地将专业教学任务与思政内容紧密结合，用原料或菜品关联思政小故事，使专业知识、专业技能学习与德育内容有机融合、相互促进、协调发展，全面提升学生的思想政治理论素养，实现知、情、意、行的统一。

二、以工作任务为载体的工作手册式教材

本书编者皆为双师型教师，既深谙职业院校专业课教学规律，也有较为丰富的餐饮行业从业经历，因此对教材在人才培养过程中的适用性有着较为深刻的理解。以往的教学是单个菜肴的教学，理论与实践分离，学生无法自己将所学知识联系到一起。而本书的教学目标是将酒店的工作模式与专业教学进行结合，与现代餐饮企业接轨，采用以工作任务为载体的工作手册形式，使学生一边"工作"，一边"学习"，以点带面，从单个菜的学习，拓展延伸到原料的挑选、制作技术的应用、相关原料的属性与营养知识等，让学生获得更多知识并能熟练将这些知识加以运用。

三、以原料属性为核心的菜品分类制作教学模式

传统中餐烹饪教学大多以技术为核心进行任务分类。这种分类方式的好处是让学生尽快掌握制作技术要领。但其弊病也很明显——学生在完全掌握多种技术之前，是无法完成单独菜品的全流程制作的，对学生的技能培养是不完整的。因此，在本书的编写过程中，采用了以原料属性为核心对菜品进行分类的教学模式。好处是，学生可以通过一道菜品完整的制作流程，获得完整的知识链条，

并且从理论到实践都亲身经历，对相同属性的原料能举一反三进行知识和经验积累。

四、"实践—总结—实践"渐进式循环的教学过程

本书也是编写团队十余年教学成果的集中反映。团队探索推广的"小师傅教学法"是 2018 年国家级教学成果（二等奖）主要组成部分之一。

在教材的编写上，每一教学单元首先是下达任务，让学生自主学习菜品的有关知识及选料方法，通过观看配套视频进一步熟悉制作流程，自学并试做菜品，对照标准对自己制作的菜品进行评价和总结，然后在实际的教学过程中配合"小组拼图"，与同学们进行团队合作"小试牛刀"，共同完成菜品。接下来再由教师"行家出手"演示菜品的标准制作过程，并对"小组拼图"的制作流程和结果进行点评与分析。最后还会让学生通过"厨王争霸"环节再次制作菜品。通过"实践—总结—实践"这样的渐进式循环模式，让学生对技术要领和制作流程有充分的理解和消化，从而扎实稳固地掌握菜品的制作要点。

五、以现代技术打造教学手段的矩阵

本书也是职业教育国家在线精品课程建设成果的总结。本课程不仅有实体教材，还将视频、H5 等多媒体技术融入教材，形成教学矩阵，丰富了教学手段。例如，学生可以通过手机扫码方式，观看本模块下所有任务的相关视频和 H5 动态演示，拓展了教材的使用维度。

随着中国国力的发展，中国的文化软实力也逐渐在全球彰显。中餐烹饪专业的发展为全世界提供了更多的中餐烹饪人才。中职中餐烹饪专业教学更加以人为本，更注重学生的实践、操作和拓展。本书贴近实战，强调学生自主学习，引导学生有效学习，同时拓展其视野，增强其自信心，使之成为中华优秀文化的传播者。

本书是全国餐饮职业教育教学指导委员会课题"世界技能大赛对职业技能人才职业发展影响的实证研究"成果教材、人力资源和社会保障部职业技能鉴定中心课题"世界技能大赛标准融入职业教育烹饪专业课程开发的实践研究"成果教材。

本书第一主编为中国烹饪大师、湖北省政府特殊津贴专家、湖北省非物质文化遗产鮰鱼制作技法代表性传承人、武汉工匠——常福曾老师。常福曾大师从厨多年，曾担任多家大型酒店行政总厨，对菜品的研究深入，制作经验丰富，确保了本书的实践性、高水准。

本书编写过程中得到了一大批业内大师的鼎力支持，他们承担了菜肴制作技术把关工作，并亲自参与示范多个菜肴的制作以及教学视频的拍摄工作。他们是中国烹饪大师、第四代鮰鱼大王孙昌弼，全国劳动模范、非物质文化遗产传承人张彬，中国烹饪大师文三荣、何渊、罗伟、刘贤胜、余润喜、杨连军、胡勇、胡波、邵明等。在此一并表示感谢。

本书可供中等职业学校烹饪专业作为教材选用，也可供相关行业从业者及烹饪爱好者参考。鉴于编者水平、编写时间有限，书中遗漏和欠妥之处在所难免，真诚希望广大读者批评指正，以便修订完善。

编者

模块一

蔬菜类菜肴制作

导入

　　蔬菜类的菜肴，可以根据可食用部位分为叶类，如上海青、空心菜等；果蔬类，如番茄、茄子、豆类、黄瓜等；花类，如黄花菜、花菜、西蓝花等；根茎类，如萝卜、莴笋、土豆等。不同的蔬菜的可食用部位不同，其加工方式也不相同。本模块以清炒土豆丝、口蘑菜心、楚乡藕圆、炸茄盒、虎皮青椒这五种热菜为例对蔬菜类菜肴的制作进行讲解。

清炒土豆丝

任务目标

（1）掌握茎类原料特性、营养及菜式设计等相关知识。
（2）初步了解熟炒法工艺流程各个环节，含选料、刀工、组配、勺工及装盘等。
（3）独立在案台或者荷台工作中运用推切、匜切的技法处理原料。
（4）能够独立在炉台工作中运用油烹法中的炒制对菜肴进行热处理加工。

任务导入

一、菜品介绍

清炒土豆丝是一道色香味俱全的汉族菜式。此菜是老百姓餐桌上最常见的家常菜。刚出锅的清炒土豆丝，看着颜色诱人，闻着香味扑鼻，吃起来脆嫩爽滑，让人欲罢不能，胃口大开。

二、课程思政

2023年是中国抗美援朝胜利70周年，我们感受着如今祖国日益繁荣昌盛，人民生活水平不断提高是多么的来之不易，这一切都是革命先辈们用鲜血和生命换来的。在表现抗美援朝的电影《长津湖》中有这么一幕——中国志愿军战士们在零下20多度的寒风中，仅用两个冻得硬邦邦的土豆作为口粮。他们不得不将土豆放在怀中用体温让它稍微解冻后再食用。志愿军战士们就是用这种不畏艰难困苦，挑战人类极限的精神意志赢取了抗美援朝战争的最终胜利，才换来了我们今天的幸福生活，我们应该时刻铭记在心！今天我们就用土豆作为原料，制作一盘清炒土豆丝。

子任务 1 自主学习

（1）查阅资料，了解土豆的原料知识，从土豆的种类、选择整理、加工及保存方式等方面进行调研并做好笔记。

（2）观看口袋视频，了解制作步骤，并回答以下问题。

①土豆切丝需要注意什么？

②切好的土豆丝为什么要焯水？

子任务 2　小组拼图

（1）我们采用小组拼图的方式开始今天的自主学习吧。你加入了哪个小组呢？请根据分组情况填写下面的表格吧！

序号	组别	组员	任务	任务小结
1	食神组		理顺清炒土豆丝的制作流程	
2	文化组		调查土豆的种植历史、文化、食用方式等	
3	口诀组		制定清炒土豆丝的制作口诀	
4	外联组		讨论制定本课程的主题活动	

（2）外联组公布了本课程的主题活动，请将本次的主题活动记录下来吧！

子任务 3　小师傅小试牛刀探工序

（1）填写清炒土豆丝的制作表。

口袋视频

参考制作表

Note

— 制作表 —

学生姓名		制作班级		授课教师		制作时间		制作地点	
菜肴名称		英文菜名							

	原料名称、产地	用量/g	单价	单项成本
主料				
辅料				
调料				
燃料				
成本总额				
预计毛利率				

手绘稿

		每斤	
建议售价	每份	每例	每位
菜肴特点			色
烹饪方法			香
盛装器皿			味
售卖单位			形
预计时耗			烹饪时耗
切配时耗			合计时耗

制作方法
1.
2.
3.
4.
5.
6.
7.

营养成分
饮食禁忌

＊注：定价避免个位数字为"4"，最好个位数字为"6"或者"8"。如本菜品成本为5.55元，按照售价＝成本/（1－毛利率），即为：5.55/（1－60%）＝13.875≈14（元），

（2）试做清炒土豆丝，记录自己的试做体验，并反馈遇到的难点。

（3）自我评价。

项目　　　分数　　　指标	标准时间/分	选料投料准确	配料合理	刀工处理正确	糊浆使用得当	火候适当	口味适中	色泽恰当	汤汁适宜	操作规范	节约卫生	合计
标准分（百分制）												
扣分												
实得分												

子任务 4　行家出手习诀窍

一、操作概述

（1）刀工：将片形原料切成细长的形状（条或丝），截面均为正方形。清炒土豆丝所需的丝是二粗丝，细约 0.15 cm，粗细如火柴棍，长短基本一致。切土豆丝的过程中可用清水浸泡，防止颜色褐变。同时切配完成的土豆丝投入沸水中焯水，不仅能够去除土豆本身的异味，还能够在炒制过程中，减少烹饪时间。

（2）炒制：对于每根长短粗细一致的土豆丝，在炒制中把握火候及时间也是非常重要的。如前面工序不能将每根土豆丝的长短粗细保持一致的话，土豆丝会出现成熟度不一致、颜色不恰当的情况。

二、原料

主料：土豆。

辅料：生姜、青椒。

调料：味精、盐、糖等。

三、准备工作

❶土豆清洗干净去皮，片厚保持在 2 mm 左右。

❷土豆切片，注意此时刀与砧板在垂直面上保持垂直。

❸在水平面上，刀、原料与砧板保持 45° 夹角。

❹切出的土豆片需片厚一致，间隔均匀。

❺土豆切丝，此时刀也需与原料在垂直面上保持垂直，在水平面上，刀、原料与砧板保持 45° 夹角。

❻切出的土豆丝需粗细均匀。

❼土豆丝用清水漂洗干净后捞出，沥干水分备用。

❽青椒去蒂去籽，切丝备用。

❾生姜切丝备用。

Note

四、焯水

⑩ 烧水，水中下盐、味精；水沸腾后，下土豆丝焯水。

⑪⑫ 将青椒丝置于网兜底部，土豆丝沥水时的热水可将青椒丝烫熟。

五、炒制

⑬ 下底油，下姜丝爆香。

⑭ 下土豆丝、青椒丝翻炒。

⑮ 依次下盐、白糖、味精调味；下水淀粉勾芡，最后淋面油，快速翻炒均匀后起锅。

六、装盘

⑯⑰ 装盘后配上盘饰稍加整理即可。

七、操作重难点

（1）注意切土豆丝的刀法，保持土豆丝粗细均匀。

（2）翻炒要迅速。

八、行家出手就是不一样，与你的同伴一起总结清炒土豆丝的制作口诀

子任务 5　厨王争霸显本领

（1）观看了教师的示范操作，你一定心领神会了，来吧，与同学们比一比，看看今天谁是"厨王"！

（2）第二次制作清炒土豆丝，你一定有了长足的进步！请记录你的感受。

子任务 6　温故而知新

一、选择题

（1）"土豆"属于（　　）。

A. 根类　　　　　　　　B. 茎类　　　　　　　　C. 瓜果类　　　　　　　D. 果菜类

（2）土豆的最佳食用季节是（　　）。

A. 初春　　　　　　　　B. 初夏　　　　　　　　C. 初秋　　　　　　　　D. 初冬

（3）蔬菜按食用部位分类有（　　）。

A. 食用菌　　　　　　　B. 茎菜类　　　　　　　C. 茄果类　　　　　　　D. 薯芋类

（4）土豆含有大量的（　　）。

A. 淀粉　　　　　　　　B. 脂肪　　　　　　　　C. 糖分　　　　　　　　D. 盐分

（5）清炒土豆丝这道菜采用的炒制种类是（　　）。

A. 清炒　　　　　　　　B. 生炒　　　　　　　　C. 滑炒　　　　　　　　D. 干炒

二、思考题

（1）切土豆丝的刀法是怎样的？

（2）切土豆丝的标准是什么？

扫码看答案

（3）在炒制过程中需注意什么？

子任务 7　主题活动

今天我们学习了制作清炒土豆丝的方法，请根据子任务中的主题活动，将这美好的过程记录下来，同时也可以把制作的菜品拍成照片粘贴在空白处。

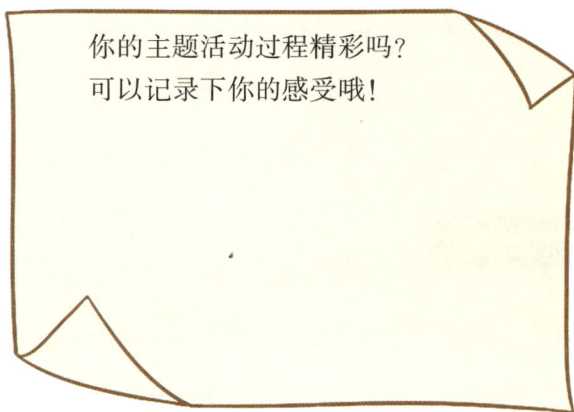

你的主题活动过程精彩吗？
可以记录下你的感受哦！

粘贴照片处

知识拓展

一、原料知识

土豆是马铃薯的俗称，马铃薯的俗称还有阳芋、地蛋、山药蛋、洋芋等。马铃薯因酷似马铃铛而得名，此称呼最早见于康熙年间的《松溪县志食货》。其块茎作粮食、蔬菜，也为制作淀粉、酒精的原料。在欧美，土豆是粮食，有"第二面包"之说，但在我国却能制作出丰富的菜肴。甘肃定西市的土豆在全国知名度很高，湖北省鄂西恩施的富硒土豆值得关注。恩施土豆口感更粉嫩，甘甜且香味浓郁。代表菜有鄂西炕土豆、土豆烧牛肉、香煎土豆饼、炸洋芋片、烤土豆片等。

二、营养知识

土豆含有大量淀粉以及蛋白质、B族维生素、维生素C和钾等，能促进脾胃的消化；土豆含有大量膳食纤维，能宽肠通便，帮助人体及时排泄代谢毒素，防止便秘，预防肠道疾病的发生；土豆能供给人体大量有特殊保护作用的黏液蛋白，能促使消化道、呼吸道以及关节腔、浆膜腔的润滑，预防心血管系统的脂肪沉积，保持血管的弹性，有利于预防动脉粥样硬化的发生。

三、养生知识

《本草纲目拾遗》记载土豆："功能稀痘，小儿熟食，大解痘毒。"《湖南药物志》：土豆"补中益气，健脾胃，消炎。"中医认为，土豆有和胃、健脾、益气的功效。

口蘑菜心

→ 任务目标

（1）能够理解油烹法中的煎技艺。

（2）能掌握叶菜类蔬菜上海青及食用菌类蔬菜口蘑的产地信息、生长条件、营养知识，能合理搭配，能独立在案台或者荷台工作中运用推切、匝切的技法处理原料。

（3）能够独立在案台或荷台工作中对原料进行初步处理，根据菜肴原料的特点对其进行合适的焯水处理。

（4）能够按照行业岗位规范流程独立完成口蘑菜心，并完成菜肴的装盘。

→ 任务导入

一、菜品介绍

北方人常将双孢蘑菇称为口蘑，菌肉肥嫩，营养价值高，享有"保健食品"和"素中之王"美称。其味道鲜美，与清淡的上海青一起烹调，口感十分清爽。这道菜具有护肝，提高人体免疫力的功效。

二、课程思政

回想当年的革命先辈，在漫漫长征路上，都吃过什么？当时前有堵截，后有追兵，天天行军打仗，红军的供给完全自筹。

有一次，杨成武上将所在的红四团到毛儿盖附近的山里去挖野菜，偶然发现了绿荫下长满了密密麻麻的蘑菇。有碗口大的，有铜板大的，呈灰褐色，上面还有花纹。红军战士把这些蘑菇采回来后，用水洗净煮着吃了。谁知吃完后许多战士上吐下泻。经卫生队医生检查，才知道是吃了毒蘑菇。

长征路途漫漫，战士们缺衣少食，甚至吃过草根和树皮。我们的革命先辈们正是凭借这种艰苦卓绝、不怕困苦的精神坚持到最后的胜利。我们更应珍惜现在来之不易的幸福生活！

子任务 1　自主学习

（1）查阅资料，了解口蘑和上海青的原料知识，从种类、选择整理、加工及保存方式等方面进行调研并做好笔记。

（2）观看口袋视频，了解制作步骤，并回答以下问题。

①口蘑打花刀时需要注意什么？

②菜心为什么要焯水？

子任务 2　小组拼图

（1）我们采用小组拼图的方式开始今天的自主学习吧。你加入了哪个小组呢？请根据分组情况填写下面的表格吧！

序号	组别	组员	任务	任务小结
1	食神组		理顺口蘑菜心的制作流程	
2	文化组		调查口蘑和上海青的种植历史、文化、食用方式等	
3	口诀组		制定口蘑菜心的制作口诀	
4	外联组		讨论制定本课程的主题活动	

（2）外联组公布了本课程的主题活动，请将本次的主题活动记录下来吧！

子任务 3　小师傅小试牛刀探工序

（1）填写口蘑菜心的制作表。

Note

制作表

学生姓名		制作班级		授课教师		制作时间		制作地点	
菜肴名称		英文菜名							

手绘稿

	原料名称、产地	用量/g	单价	单项成本
主料				
辅料				
调料				
燃料				
成本总额				

预计毛利率

每斤							
每位		色	香	味	形	烹饪时耗	合计时耗
每例							
每份							
建议售价		菜肴特点	烹饪方法	盛装器皿	售卖单位	预计时耗	切配时耗
制作方法	1.	2.	3.	4.	5.	6.	7.

营养成分	饮食禁忌

（2）试做口蘑菜心，记录自己的试做体验，并反馈遇到的难点。

（3）自我评价。

项目　分数　指标	标准时间/分	选料投料准确	配料合理	刀工处理正确	糊浆使用得当	火候适当	口味适中	色泽恰当	汤汁适宜	操作规范	节约卫生	合计
标准分（百分制）												
扣分												
实得分												

子任务 4　行家出手习诀窍

一、操作概述

（1）剥去老叶，削去结蒂，只留菜心打上交叉的十字花刀；将胡萝卜切成小长条形，削尖胡萝卜条，将切好的胡萝卜条插入菜心；削去菌柄，给口蘑打上交叉的花刀以便更好地入味，同时也更美观。

（2）净锅上火，烧热，加入油，滑锅后将油倒出，留底油；将加工好的口蘑倒入锅内低油温慢慢煎制，煎至淡黄后翻面，依次加入生抽、蚝油，加入鲜汤，加入少许盐，加入白糖提鲜，加入少许味精，小火慢慢烧至入味。另起锅烧水煮沸，加入少许盐及色拉油，倒入菜心焯水，焯水后将菜心快速过凉水。

（3）净锅上火，烧热，加入油，滑锅后将油倒出，留底油，倒入菜心，加入少许盐、少许味精，翻炒均匀，将炒制过的菜心放在盘子中央，摆成放射状，将烧制入味的口蘑摆在菜心上，淋上口蘑汁即可。

二、原料

主料：口蘑、上海青。

辅料：胡萝卜。

调料：盐、白糖、味精、生抽、蚝油、水淀粉等。

三、初加工

❶上海青去叶，留下菜心。

❷用雕刻刀将菜心末端削成宝箭头。

❸菜心尖切成十字形。

❹胡萝卜切成小条形。

❺胡萝卜条一头削成宝箭形。

❻❼将胡萝卜条插入菜心的"十字"中，令其稳固，不掉落。

❽口蘑去蒂。

⑨在口蘑表面切花刀。注意，刀面与口蘑表面成45°，使切口呈"V"形。

⑩生姜切片，准备冰水备用。

四、焯水

⑪烧水，依次放入盐、味精、油。

⑫水烧开后下菜心，10秒后捞起。

⑬盛入冰水中备用。

五、煎制

⑭锅洗干净下底油，油烧热后下姜片爆香。

⑮将口蘑朝下放入锅内，小火煎制，适时翻面，炸至金黄色。

⑯依次放入盐、白糖、味精、生抽、蚝油，加清水烧制。

六、炒制

⑰锅烧热下底油，然后下菜心，依次放入盐、白糖、味精炒制，水淀粉勾芡、淋面油出锅。

七、装盘

⓲⓳选用大圆盘，将菜心单只夹出，尖端朝外呈圆形装盘，将烧制好的口蘑摆放至圆心处。

八、操作重难点

（1）每一根胡萝卜条的粗细要均匀一致。

（2）在煎制时要注意晃动油锅让口蘑受热均匀。

（3）上海青属于绿色蔬菜，选择沸水焯水。沸水焯水可以最大限度减少维生素的流失，且让蔬菜更加翠绿鲜嫩。

九、行家出手就是不一样，与你的同伴一起总结口蘑菜心的制作口诀

子任务 5　厨王争霸显本领

（1）观看了教师的示范操作，你一定心领神会了，来吧，与同学们比一比，看看今天谁是厨王！

（2）第二次制作口蘑菜心，你一定有了长足的进步！请记录你的感受。

子任务 6　温故而知新

一、选择题

（1）口蘑别称为（　　）。

A. 香菇　　　　　　　B. 双孢蘑菇　　　　　　C. 杏鲍菇　　　　　　D. 草菇

（2）口蘑外表颜色（　　），表面光滑。

A. 红色　　　　　　　B. 黑色　　　　　　　　C. 黄色　　　　　　　D. 洁白

（3）菜心在焯水过程中，要（　　）下锅。

A. 冷水　　　　　　　B. 沸水　　　　　　　　C. 温水　　　　　　　D. 都可以

（4）口蘑适合与下列哪种清淡的蔬菜搭配烹饪？（　　）

A. 香菜　　　　　　　B. 韭菜　　　　　　　　C. 上海青　　　　　　D. 韭黄

（5）为提升菜肴的鲜味，可加入少量的（　　）用于提鲜。

A. 白糖　　　　　　　B. 十三香　　　　　　　C. 香叶　　　　　　　D. 嫩肉粉

二、思考题

（1）切十字花刀要注意什么？

（2）焯水后的菜心为什么要放入冰水中？

（3）你还有其他的摆盘创意吗？

子任务 7　主题活动

今天我们学习了制作口蘑菜心的方法，请根据子任务中的主题活动，将这美好的过程记录下来，同时也可以把制作的菜品拍成照片粘贴在空白处。

你的主题活动过程精彩吗？
可以记录下你的感受哦！

粘贴照片处

知识拓展

一、原料知识

"口蘑"一词的历史可以追溯至清朝，与销售地河北张家口有关联。此处以前是内蒙古草原出产物资进出中原内地的重要关口，因此由此输入的食用蘑菇便被称为口蘑。

口蘑以其肉质肥厚、味道鲜美、香气浓郁而负盛名，其中品质最佳的便是香杏丽蘑和蒙古白丽蘑；个头较大的大白桩菇和鳞盖白桩菇具有较高的产量，但香气和味道都稍逊一筹。我们可以将口蘑理解为销售于张家口，生长在蒙古草原的多种蘑菇的总称。我们在超市购买的口蘑其实是人工栽培的双孢蘑菇，是个商品名。

双孢蘑菇以菌幕刚分离时，外观洁白，菌褶粉红时为佳。双孢蘑菇肉质肥厚，入口鲜爽，宜炒、烧、余等。代表菜有韭菜炒蘑菇、葱烧蘑菇、软炸蘑菇、肉片蘑菇汤等。

二、营养知识

双孢蘑菇肉质肥嫩，味道鲜美，营养丰富，每 100 g 鲜菇中含蛋白质 3.7 g，脂肪 0.2 g，糖 30 g，纤维素 0.8 g，磷 10 mg，钙 9 mg，铁 0.06 mg，灰分 0.8 mg，烟酸 149 mg。蛋白质含量高于所有的蔬菜，可以与某些肉类相媲美，易为人体所吸收，可消化率高达 88.5%。

三、养生知识

双孢蘑菇含有人体所必需的多种氨基酸、核苷酸、维生素，并富含蛋白质分解酶、麦芽糖酶及蘑菇多糖等，味甘。归胃、肝、心三经。久食双孢蘑菇有助于消食和胃，养心安神，降压保肝，提高人体免疫能力。

楚乡藕圆

任务目标

（1）能够理解油炸法中的煎技艺。

（2）能掌握莲藕产地信息、生长条件、营养知识，能合理搭配，能独立在案台或者荷台工作中运用合适技法处理原料。

（3）能够独立在荷台或案台工作中对原料进行初步处理，根据菜肴原料的特点对其进行合适的榨汁处理。

（4）能够按照行业岗位规范流程独立完成楚乡藕圆，并完成菜肴的装盘。

任务导入

一、菜品介绍

藕圆是有"千湖之省"之称的湖北省民间较为地道的菜肴之一。莲藕擦碎后，拌入生姜等调料搓成丸子状炸制，外酥里嫩，藕香四溢。配以不同的蘸料，口味丰富，唇齿留香。藕圆不仅是餐桌上的一道美味佳肴，也是路边小吃、夜宵摊点的明星食品。

二、课程思政

莲藕生长在池塘深处，从来不见日月，且周身都是淤泥，是被人们遗忘的对象，其却能保持本色、蓄积能量、顽强生长，内心始终保持着正直洁白。其从不与花儿叶儿争宠夺艳，却全身是宝，可生食也可煮食，药用价值也是相当高的。

初冬之节、秸秆枯萎时，在淤泥下结出的莲藕，却发育成出淤泥而不染的莲花。莲花那"正直通达、干净高洁、淡泊明志"的姿态，何尝不更值得我们细品深学？我们应当时刻保持一颗纯粹的本心，从自身做起，不断自我净化，修身律己，筑牢思想堤坝，守住廉洁底线，做到不为物欲所惑、不为利害所移，在心间种一池莲花，向下扎根，不染于外，引一道清流，留长久清韵。

子任务 1 自主学习

（1）查阅资料，了解莲藕的原料知识，从种类、选择整理、加工及保存方式等方面进行调研并做好笔记。

（2）观看口袋视频，了解制作步骤，并回答以下问题。

①削皮后的莲藕怎么保存？

②沉淀后的藕汁为什么要倒出部分？

子任务 2 小组拼图

（1）我们采用小组拼图的方式开始今天的自主学习吧。你加入了哪个小组呢？请根据分组情况填写下面的表格吧！

序号	组别	组员	任务	任务小结
1	食神组		理顺楚乡藕圆的制作流程	
2	文化组		调查莲藕的种植历史、文化、食用方式等	
3	口诀组		制定楚乡藕圆的制作口诀	
4	外联组		讨论制定本课程的主题活动	

（2）外联组公布了本课程的主题活动，请将本次的主题活动记录下来吧！

子任务 3 小师傅小试牛刀探工序

（1）填写楚乡藕圆的制作表。

— 制作表 —

学生姓名		制作班级		授课教师		制作时间		制作地点		单项成本
菜肴名称		英文菜名		原料名称、产地			用量/g		单价	

	原料名称、产地	用量/g	单价	单项成本
主料				
辅料				
调料				
燃料				
成本总额				

预计毛利率

手绘稿

每斤							
每位		色	香	味	形	烹饪时耗	合计时耗
每例							
每份							
建议售价		菜肴特点	烹饪方法	盛装器皿	售卖单位	预计时耗	切配时耗
制作方法	1.	2.	3.	4.	5.	6.	7.
						营养成分	饮食禁忌

（2）试做楚乡藕圆，记录自己的试做体验，并反馈遇到的难点。

（3）自我评价。

指 标 分 数 项 目	标准时间/分	选料投料准确	配料合理	刀工处理正确	糊浆使用得当	火候适当	口味适中	色泽恰当	汤汁适宜	操作规范	节约卫生	合计
标准分（百分制）												
扣分												
实得分												

子任务 4　行家出手习诀窍

一、操作概述

（1）莲藕去皮用擦板擦成藕泥，滤出藕汁。

（2）调制酱料——剁椒酱、蒜蓉辣椒酱、毛姜醋、豆瓣酱。

（3）藕汁澄清后倒出二分之一水，下藕汁熬糊；藕泥调味与藕糊搅拌均匀；挤出藕圆入油锅炸制，待藕圆色泽金黄时捞出装盘。

二、原料

主料：莲藕。

调料：盐、白糖、味精，小葱、蒜头、剁椒、豆瓣酱、辣椒酱、生抽、醋适量等。

三、初加工

①莲藕去皮。

②用擦板擦成藕泥。

③④用密漏滤除藕汁。

⑤⑥切姜末、切葱花。

⑦⑧调料一：剁椒酱——下剁椒、白糖、盐、香油、葱花调匀。

⑨⑩调料二：蒜蓉辣椒酱——下辣椒酱、味精、香油、蒜蓉调匀。

⑪⑫调料三：毛姜醋——下姜末、葱花、盐、味精、生抽、醋、香油调匀。

⑬⑭调料四：豆瓣酱——下豆瓣酱、白糖、姜末、蚝油、香油调匀。

⑮四种调料。

四、制藕圆

⑯藕汁澄清后，水浆分离。

⑰倒出 1/2 水。

⑱下藕浆汁熬糊，顺时针搅拌，成糊状后关火。

⑲⑳藕泥下盐、味精、姜末、藕糊搅拌均匀。

㉑㉒㉓㉔挤出藕圆，用手晃捏藕圆入油锅炸，藕圆成形。

五、装盘

㉕色泽金黄时捞出装盘。

六、操作重难点

（1）藕汁澄清后，需要倒出二分之一水。

（2）熬糊时需要顺时针搅拌，防止煳锅。

（3）挤出藕圆后用手晃捏，会使藕圆表面光滑。

七、行家出手就是不一样，与你的同伴一起总结楚乡藕圆的制作口诀

子任务 5　厨王争霸显本领

（1）观看了教师的示范操作，你一定心领神会了，来吧，与同学们比一比，看看今天谁是厨王！

（2）第二次制作楚乡藕圆，你一定有了长足的进步！请记录你的感受。

子任务 6　温故而知新

一、选择题

（1）莲藕主要产区在（　　）省。

A. 湖南　　　　　　　　B. 河南　　　　　　　　C. 湖北　　　　　　　　D. 河北

（2）莲藕生长在（　　）。

A. 水底　　　　　　　　B. 水面　　　　　　　　C. 淤泥中　　　　　　　D. 土地中

（3）藕汁澄清后，要倒出（　　）。

A.1/2　　　　　　　　　B.1/3　　　　　　　　　C.1/4　　　　　　　　　D.1/5

（4）炸制藕圆表面呈（　　）时即可出锅装盘。

A. 发红　　　　　　　　B. 发白　　　　　　　　C. 金黄　　　　　　　　D. 焦黄

（5）为提升菜肴的鲜味，可加入少量的（　　）用于提鲜。

A. 白糖　　　　　　　　B. 十三香　　　　　　　C. 香叶　　　　　　　　D. 嫩肉粉

二、思考题

（1）为什么要把澄清的藕汁倒出一部分？

（2）熬藕糊时需要注意什么？

扫码看答案

Note

（3）怎么才能使藕圆表面光滑？

子任务 7　主题活动

今天我们学习了制作楚乡藕圆的方法，请根据子任务中的主题活动，将这美好的过程记录下来，同时也可以把制作的菜品拍成照片粘贴在空白处。

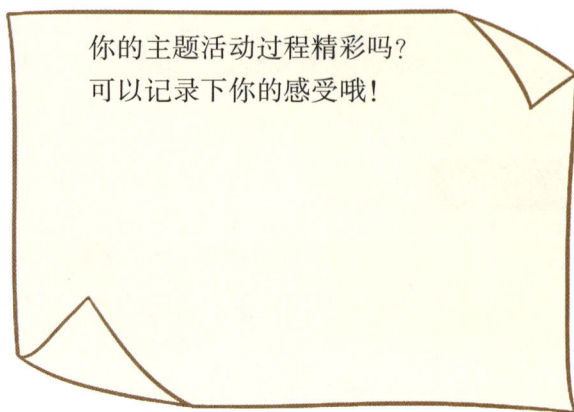

你的主题活动过程精彩吗？
可以记录下你的感受哦！

粘贴照片处

知识拓展

一、原料知识

藕，大多数莲科多年生水生草本植物的根茎。该植物根茎横生，肥厚；花浮于水面，花瓣呈椭圆形或倒卵形；雄蕊多数，花药黄色，柱头呈辐射状；种子生于"莲蓬"孔内，卵形，种皮红色或白色。

二、营养知识

莲藕富含淀粉、蛋白质、膳食纤维、矿物质和维生素等营养成分，其中以淀粉和膳食纤维含量最高，同时含有钙、磷、铁、锌、维生素C等多种营养成分。

三、养生知识

《名医别录》中认为生藕性寒，能生津凉血；熟藕性温，能补脾益血，减少脂类的吸收。

炸茄盒

（1）能掌握茄子种类、产地信息、生长条件、营养知识，能合理搭配，能独立在案台或者荷台工作中运用合适技法处理原料。

（2）通过观摩教师示范与参与，明确炸茄盒中紫茄的改刀，茄夹的制馅、成形、油炸、烹制及装盘等技术规范。

（3）能够按照行业岗位规范流程独立完成炸茄盒，并完成菜肴的装盘。

任务导入

一、菜品介绍

炸茄盒是一道大众菜，色泽金黄鲜亮，脆嫩爽口，一出油锅，散发在空气中的肉香、茄香，便令人垂涎欲滴。咬上一口，更有茄香喷鼻，令人心怡。此道菜简单易做、味道可口，就连平时不怎么喜欢吃茄子的人，都会被茄夹的诱人香气所深深吸引，对舌尖上那股酥脆的感觉回味无穷。

二、课程思政

1929年，井冈山天寒地冻，红军官兵身穿单衣，食不果腹。他们依然唱道："红米饭，南瓜汤，秋茄子，味好香，餐餐吃得净打光。干稻草来软又黄，金丝被儿盖身上，不怕北风和大雪，暖暖和和入梦乡。"

虽然根据地条件艰苦，但这首歌词反映了红军的革命乐观主义精神。我们应当继承革命先辈们不畏艰难困苦的精神作风，保持对革命胜利矢志不渝的坚定信念。

子任务 1　自主学习

（1）查阅资料，了解茄子的原料知识，从种类、选择整理、加工及保存方式等方面进行调研并做好笔记。

（2）观看口袋视频，了解制作步骤，并回答以下问题。

①采用夹刀法时要注意什么？

②制面糊的工序是怎么样的？

子任务 2　小组拼图

（1）我们采用小组拼图的方式开始今天的自主学习吧。你加入了哪个小组呢？请根据分组情况填写下面的表格吧！

序号	组别	组员	任务	任务小结
1	食神组		理顺炸茄盒的制作流程	
2	文化组		调查茄子的种植历史、文化、食用方式等	
3	口诀组		制定炸茄盒的制作口诀	
4	外联组		讨论制定本课程的主题活动	

（2）外联组公布了本课程的主题活动，请将本次的主题活动记录下来吧！

子任务 3　小师傅小试牛刀探工序

（1）填写炸茄盒的制作表。

制作表

学生姓名		制作班级		授课教师		制作时间		制作地点	
菜肴名称		英文菜名							

	原料名称、产地	用量/g	单价	单项成本
主料				
辅料				
调料				
燃料				
成本总额				
预计毛利率				

手绘稿

每斤							
每位		色	香	味	形	烹饪时耗	合计时耗
每例							
每份							
建议售价		菜肴特点	烹饪方法	盛装器皿	售卖单位	预计时耗	切配时耗
制作方法	1.	2.	3.	4.	5.	6.	7.

营养成分

饮食禁忌

（2）试做炸茄盒，记录自己的试做体验，并反馈遇到的难点。

（3）自我评价。

项目＼分数＼指标	标准时间/分	选料投料准确	配料合理	刀工处理正确	糊浆使用得当	火候适当	口味适中	色泽恰当	汤汁适宜	操作规范	节约卫生	合计
标准分（百分制）												
扣分												
实得分												

子任务 4　行家出手习诀窍

一、操作概述

（1）刀工：炸茄盒使用的刀工技法是夹刀。所谓夹刀，就是原料在切片过程中一刀切断，一刀不切断。这需要厨师对下刀的力度有精确的掌控。在下刀过程中，多一分则断，少一分则无法掰开茄盒填制肉馅。

（2）制馅：制肉馅是中餐厨师的基本功之一。肉末加入葱姜末中，加入盐抓匀上劲，再加入蛋清、少量淀粉抓匀上劲。盐、蛋清、淀粉都能够让肉馅的口感更加鲜嫩，这是制馅的关键所在。

（3）制糊：中餐中，不同的面糊有不同的用途。全蛋糊，是以全蛋（蛋清、蛋黄均用）、淀粉或面粉加少量清水调制成的一种糊。这种糊主要用于干炸，如炸茄盒、干炸里脊、炸椿鱼等。全蛋糊的作用，是使菜肴外酥脆，内松软，色泽金黄，增加菜肴的营养成分。在某些菜肴中，全蛋糊也起调色的作用。

（4）炸制：将食材置于较高温度的油脂中，使其加热快速熟化的过程。炸制技法需要厨师对油温有精确的掌控。在炸茄盒这道菜中，油温要达到五成热左右。

（5）炒制：不同于其他炸类菜肴，炸茄盒在炸制完成后需要进行调味。这是炸茄盒椒盐风味的重要来源。

二、原料

主料：茄子。

辅料：肉末、鸡蛋。

调料：色拉油、红油、香油、盐、白糖、味精、剁椒酱、甜辣酱、生抽、醋、蚝油、甜面酱、淀粉、面粉、小葱、生姜、白芝麻等。

三、初加工

❶❷茄子改刀成夹刀片，切至茄子五分之四的地方不切断，一刀不断，一刀切断。

❸❹❺肉馅加工，生姜切末、切葱花。

❻❼肉馅调制，下生姜、葱花、盐、味精、生抽、料酒拌匀，下鸡蛋液继续搅拌均匀。

四、制酱料

味碟一：红油酱——下姜丝、红油。

味碟二：毛姜醋——下葱花、姜末、盐、味精、白糖、醋、蚝油。

味碟三：甜辣酱——下甜辣酱、白糖。

味碟四：剁椒酱——下剁椒酱、白糖、味精、香油。

味碟五：甜面酱——下甜面酱、白糖、味精、生抽。

味碟六：香辣粉——下辣椒粉、盐、白糖、味精、白芝麻。

五、制面糊

❽❾❿面粉、淀粉按 2 : 1 比例混合均匀，下盐、清水搅拌，下鸡蛋糊、色拉油制成油面糊。

六、炸制

⓫⓬⓭⓮油温 180 ℃，夹内馅裹糊炸制，复炸一遍起锅。

七、装盘

⓯做好盘饰，将茄盒盛入，放上味碟即可。

八、操作重难点

（1）注意夹刀片的技术标准。

（2）注意调制外糊时面粉与淀粉的比例。

九、行家出手就是不一样，与你的同伴一起总结炸茄盒的制作口诀

子任务 5　厨王争霸显本领

（1）观看了教师的示范操作，你一定心领神会了，来吧，与同学们比一比，看看今天谁是厨王！

（2）第二次制作炸茄盒，你一定有了长足的进步！请记录你的感受。

子任务 6　温故而知新

一、选择题

（1）以下哪种原料的吸油量最大？（　　）

A.红萝卜　　　　　　　B.心里美　　　　　　　C.香菇　　　　　　　D.茄子

（2）炸茄盒的馅料一般采用（　　）制作。

A.鱼肉　　　　　　　　B.鸡肉　　　　　　　　C.猪肉　　　　　　　D.牛肉

（3）茄子是人们常食用的蔬菜品种，它属于（　　）。

A.蔬菜类　　　　　　　B.瓜果类　　　　　　　C.茄果类　　　　　　D.荚果类

（4）茄子又名落苏，原产于（　　）。

A.欧亚　　　　　　　　B.南美洲　　　　　　　C.欧洲　　　　　　　D.印度

（5）炸茄盒使用的是（　　）来炸制原料。

A.水粉糊　　　　　　　B.蛋清糊　　　　　　　C.拍干粉　　　　　　D.全蛋糊

扫码看答案

Note

二、思考题

（1）夹刀法的技术标准是什么？

（2）调制外糊时面粉与淀粉的比例是多少？

（3）炸茄盒的油温是多少摄氏度？

子任务 7　主题活动

今天我们学习了制作炸茄盒的方法，请根据子任务中的主题活动，将这美好的过程记录下来，同时也可以把制作的菜品拍成照片粘贴在空白处。

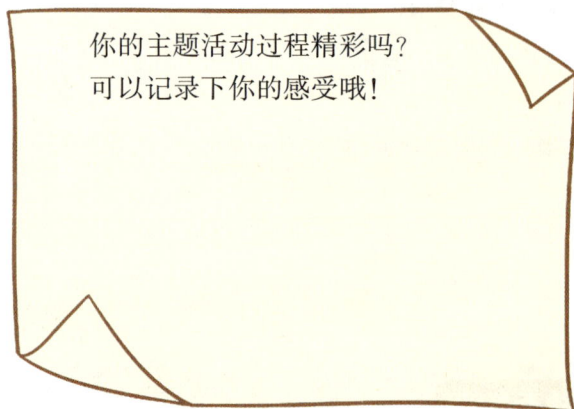

你的主题活动过程精彩吗？
可以记录下你的感受哦！

粘贴照片处

知识拓展

一、原料知识

茄子原产于亚洲热带地区，后在全世界都有栽培，但亚洲栽培最多。根据果实的形状分为长茄、圆茄、矮茄。果实个头比较大，外皮一般是紫色、红紫或者是浅绿色。

二、营养知识

茄子约含蛋白质 4.6 g、脂肪 0.2 g、糖 6.2 g、热量 46 kcal、钙 44 mg、磷 62 mg、铁 0.8 mg、烟酸 1 mg、抗坏血酸 6 mg。其是肥胖症、高血压、冠心病、脑血管病等患者的佳肴。

三、养生知识

茄子味甘性寒，入脾、胃、大肠经，具有清热活血化瘀、利尿消肿、宽肠之功效。治肠风下血、热毒疮痛、皮肤溃疡。明代李时珍在《本草纲目》一书中记载，茄子治寒热，五脏劳，治温疾。

虎皮青椒

任务目标

（1）能掌握青椒种类、产地信息、生长条件、营养知识，能合理搭配，能独立在案台或者荷台工作中运用合适技法处理原料。

（2）通过观摩教师示范与参与，明确炝青椒的制法，肉末的制馅、炒制等技术规范。

（3）能够按照行业岗位规范流程独立完成虎皮青椒，并完成菜肴的装盘。

任务导入

一、菜品介绍

虎皮青椒，又叫虎皮海椒、糖醋辣椒瘪子，是以青椒为主要材料制作的一道川菜系菜品，因青椒表面炒得略微焦煳，斑驳的焦煳点如同老虎的花纹而得名。虎皮青椒用川味豆瓣酱烧制，加入少许香醋，酸辣微甜，咸鲜可口，简直就是"干饭人"的首选菜肴！

二、课程思政

"青椒"还有一个谐音，特指"青椒"——"青教"。对，"青椒"是对高校青年教师的简称。在西南科技大学就有一名经常与土地打交道的"青椒"。

35岁的青年教授黄晶入职8年来，不仅参与培养了近千名学生，还走遍了道地中药材附子产区的每一个村庄，创新性地将附子与水稻套作栽培，有效减轻了附子病害，实现连年种植。

黄晶也因为在农业方面的突出贡献，先后获得"绵阳市十大杰出青年""全国乡村振兴青年先锋"等荣誉称号。

子任务 1　自主学习

（1）查阅资料，了解青椒的原料知识，从种类、选择整理、加工及保存方式等方面进行调研并做好笔记。

（2）观看口袋视频，了解制作步骤，并回答以下问题。

①处理青椒时要不要去籽？为什么？

②炝青椒时要注意什么？

子任务 2　小组拼图

（1）我们采用小组拼图的方式开始今天的自主学习吧。你加入了哪个小组呢？请根据分组情况填写下面的表格吧！

序号	组别	组员	任务	任务小结
1	食神组		理顺虎皮青椒的制作流程	
2	文化组		调查青椒的种植历史、文化、食用方式等	
3	口诀组		制定虎皮青椒的制作口诀	
4	外联组		讨论制定本课程的主题活动	

（2）外联组公布了本课程的主题活动，请将本次的主题活动记录下来吧！

子任务 3　小师傅小试牛刀探工序

（1）填写虎皮青椒的制作表。

— 制作表 —

学生姓名		制作班级		授课教师		制作时间		制作地点		单项成本
菜肴名称		英文菜名		原料名称、产地		用量/g		单价		

手绘稿

主料	辅料	调料	燃料	成本总额

预计毛利率

制作方法	建议售价	每份	每例	每位	每斤
1.	菜肴特点			色	
2.	烹饪方法			香	
3.	盛装器皿			味	
4.	售卖单位			形	
5.	预计时耗			烹饪时耗	
6.	切配时耗			合计时耗	
7.					
营养成分					
饮食禁忌					

（2）试做虎皮青椒，记录自己的试做体验，并反馈遇到的难点。

（3）自我评价。

指标　分数　项目	标准时间/分	选料投料准确	配料合理	刀工处理正确	糊浆使用得当	火候适当	口味适中	色泽恰当	汤汁适宜	操作规范	节约卫生	合计
标准分（百分制）												
扣分												
实得分												

子任务 4　行家出手习诀窍

一、操作概述

（1）初加工：青椒去蒂，保留辣椒籽；生姜、蒜头切末备用；豆瓣酱剁碎备用。

（2）炕青椒：锅烧热后下青椒干炕，用炒勺按压青椒，使之与锅底接触受热均匀；待青椒表皮微煳发蔫时起锅备用。

（3）烧制：给底油，油烧至三成热，下肉末炒散至酥香，下料酒去腥去异味；下剁好的豆瓣酱炒出红油，加少许清水煮制；再下炕好的青椒烧制并调味；起锅前淋少许水淀粉勾芡；装盘时应码放整齐。

二、原料

主料：青椒。

辅料：肉末。

调料：色拉油、盐、味精、生抽、料酒、醋汁、蚝油、豆瓣酱、生姜、蒜头等。

三、初加工

❶青椒去蒂。

❷生姜切末。

❸蒜头切末。

❹豆瓣酱剁碎备用。

四、炕青椒

❺锅烧热，下青椒干炕；用炒勺轻轻按压青椒，使青椒表面受热均匀。

❻待青椒发蔫表皮呈虎皮状时起锅备用。

五、烧制

❼给底油，烧制三成热，下肉末炒散至酥香，给料酒。

❽放入豆瓣酱炒出红油，加清水。

❾放入炝好的青椒烧制。

❿依次给盐、味精、生抽、醋汁、蚝油调味。

⓫用水淀粉勾芡后起锅装盘。

六、装盘

⓬将青椒垂直交叉叠放，增加菜品的立体感。

七、操作重难点

（1）青椒不要去籽。

（2）炝青椒时注意使其受热均匀，不要炝煳。

八、行家出手就是不一样，与你的同伴一起总结虎皮青椒的制作口诀

子任务 5　厨王争霸显本领

（1）观看了教师的示范操作，你一定心领神会了，来吧，与同学们比一比，看看今天谁是厨王！

（2）第二次制作虎皮青椒，你一定有了长足的进步！请记录你的感受。

子任务 6　温故而知新

一、选择题

（1）制作虎皮青椒应选用（　　）作为原料。

A. 螺丝椒　　　　　　　B. 芜湖椒　　　　　　　C. 线椒　　　　　　　D. 二荆条

（2）制作虎皮青椒时（　　）去籽。

A. 需要　　　　　　　　B. 不需要　　　　　　　C. 无所谓　　　　　　D. 以上都不对

（3）炕青椒时（　　）。

A. 用食用油　　　　　　B. 用清水　　　　　　　C. 用白糖　　　　　　D. 不用添加

（4）烧制虎皮青椒时，不用添加（　　）。

A. 花椒　　　　　　　　B. 豆瓣酱　　　　　　　C. 生抽　　　　　　　D. 水淀粉

（5）虎皮青椒是采用（　　）方式烹制的。

A. 干炕和油炸　　　　　B. 油炸和烧制　　　　　C. 干炕和烧制　　　　D. 干炕和煎制

二、思考题

（1）炕青椒时需要注意什么？

（2）炒肉末的时候需要注意什么？

扫码看答案

（3）烧制虎皮青椒时，怎么把控火候？

子任务 7　主题活动

今天我们学习了制作虎皮青椒的方法，请根据子任务中的主题活动，将这美好的过程记录下来，同时也可以把制作的菜品拍成照片粘贴在空白处。

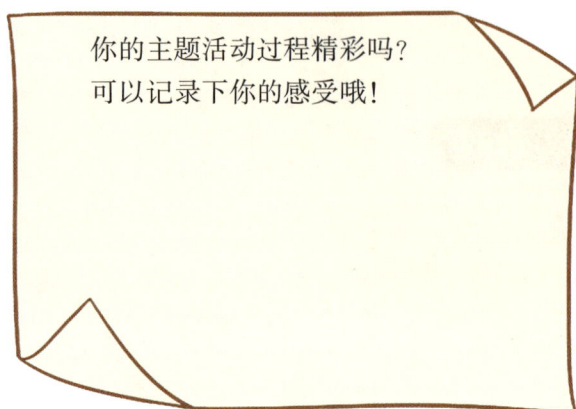

你的主题活动过程精彩吗？
可以记录下你的感受哦！

粘贴照片处

知识拓展

一、原料知识

青椒，茄科花椒属的落叶灌木。树皮为暗灰色，有很多皮刺，没有毛；小叶纸质，叶片为披针形或桶圆状披针形，先端渐尖，叶片的边缘有细锯齿；花很小却多，为青色；果实成熟时为紫红色；花期 7—8 月，果期 9—10 月；其颗粒均匀，颜色呈青灰色，故名青椒。

二、营养知识

青椒果肉厚而脆嫩，维生素 C 含量丰富。青果含水分 93.9% 左右、碳水化合物约 3.8%，红熟果含维生素 C 最高可达 460 mg。可凉拌、炒食、煮食、作馅、腌渍和加工制罐，制蜜饯。

三、养生知识

在《神农本草经》《本草纲目》中有记载青椒具有温中止痛，杀虫止痒的功效。主治中寒腹痛，寒湿吐泻，虫积腹痛，湿疹瘙痒，妇人阴痒等。它的果、叶、根能提取芳香油及脂肪油；叶和果是食品调料。

模块二

畜肉类菜肴制作

扫码看课件

　　畜肉类菜肴制作，可以根据动物种类分为猪肉、牛肉、羊肉、兔肉等；根据食用部位也可以分为排骨、五花、里脊等；畜肉类可食用部分较多，还有内脏如心、肝、肠、肚等。不同种类的动物、不同部位、不同内脏因组织结构不同，其加工、烹制方法也不一样。畜肉为人类提供了必不可少的脂肪、蛋白质和多种微量元素。在历史的长河中，人类对畜肉的烹制方法多种多样，本模块从滑炒里脊丝、焦熘肉片、糖醋排骨、猪肝汤、蒜泥白肉、回锅牛肉、干煸牛肉丝七种菜肴对畜肉类菜肴的制作进行讲解。

滑炒里脊丝

任务目标

（1）能掌握猪肉种类、产地信息、养殖条件、营养知识，能合理搭配，能独立在案台或者荷台工作中运用合适技法处理原料。

（2）通过观摩教师示范与参与，掌握切丝技法和滑炒等技术规范。

（3）能够按照行业岗位规范流程独立完成滑炒里脊丝，并完成菜肴的装盘。

任务导入

一、菜品介绍

滑炒里脊丝是山东传统名菜，属于鲁菜系，被评为山东十大经典名菜。猪里脊切丝后腌制上浆，用冷锅热油炒制即为"滑炒"。滑炒最大限度地保留了肉中的水分，所以里脊丝肉质鲜嫩而不柴，也富有弹性。

二、课程思政

炒是中国菜的常用制作方法，是中国家庭日常最广泛使用的一种烹饪方法。炒是将一种或几种菜在锅中炒熟的过程，它主要是以锅中的油温为载体，将切好的菜品用中旺火在较短时间内加热成熟的一种烹饪方法。炒菜是中国菜区别于其他菜肴的基本特征，用碟形薄生铁锅，旺火热油，分炝炒、生炒、小炒、熟炒等。六朝以前，烤和烹就是菜肴的主要做法。公元4—5世纪，由于植物油料的使用，滚油快炒的技法发展起来，在《齐民要术》中有明确的反映。

子任务 1 自主学习

（1）查阅资料，了解猪里脊肉的原料知识，从种类、选择整理、加工及保存方式等方面进行调研并做好笔记。

Note

（2）观看口袋视频，了解制作步骤，并回答以下问题。

①里脊肉切丝的标准技法是什么？

②滑炒里脊丝时要注意什么？

子任务 2 小组拼图

（1）我们采用小组拼图的方式开始今天的自主学习吧。你加入了哪个小组呢？请根据分组情况填写下面的表格吧！

序号	组别	组员	任务	任务小结
1	食神组		理顺滑炒里脊丝的制作流程	
2	文化组		调查猪肉养殖的历史、文化、食用方式等	
3	口诀组		制定滑炒里脊丝的制作口诀	
4	外联组		讨论制定本课程的主题活动	

（2）外联组公布了本课程的主题活动，请将本次的主题活动记录下来吧！

子任务 3 小师傅小试牛刀探工序

（1）填写滑炒里脊丝的制作表。

Note

制作表

学生姓名		制作班级		授课教师		制作时间		制作地点		单项成本
菜肴名称		英文菜名							单价	
手绘稿				原料名称、产地			用量/g			

	原料名称、产地	用量/g	单价	单项成本
主料				
辅料				
调料				
燃料				
成本总额				预计毛利率

项目						
每斤						
每位		色	香	味	形	烹饪时耗	合计时耗
每例						
每份						
建议售价		菜肴特点	烹饪方法	盛装器皿	售卖单位	预计时耗	切配时耗

制作方法	
1.	
2.	
3.	
4.	
5.	
6.	
7.	
营养成分	
饮食禁忌	

（2）试做滑炒里脊丝，记录自己的试做体验，并反馈遇到的难点。

（3）自我评价。

项目　　　分数　　　指标	标准时间/分	选料投料准确	配料合理	刀工处理正确	糊浆使用得当	火候适当	口味适中	色泽恰当	汤汁适宜	操作规范	节约卫生	合计
标准分（百分制）												
扣分												
实得分												

子任务 4　行家出手习诀窍

一、操作概述

（1）初加工：里脊肉改刀先片成薄片，再叠在一起切成肉丝；青椒、红椒去蒂去籽切丝；切姜丝备用。

（2）腌制上浆：肉丝调味后添加清水抓揉上浆；上浆后下淀粉抓匀。

（3）炒制：滑锅后，下里脊丝滑油；下青椒丝、红椒丝过油；留底油，下姜丝爆香，下里脊丝、青椒丝、红椒丝翻炒，调味后炒匀出锅装盘。

二、原料

主料：里脊肉。

辅料：青椒、红椒、徽子。

调料：盐、白糖、味精、料酒、淀粉、生姜、香油等。

三、初加工

❶❷里脊肉改刀，片成 0.3 cm 厚的薄片。

❸叠在一起切成约 0.3 cm 宽的肉丝。

❹❺青椒、红椒去蒂去籽，片去经络，切成宽约 0.3 cm 的丝状。

❻切姜丝备用。

四、上浆腌制

❼❽❾依次下盐、味精、料酒，抓揉里脊丝，过程中添加适量水上浆。

❿浆好后，下淀粉继续抓揉拌匀上劲。

五、滑炒

⓫⓬⓭滑锅后，油温二至三成热下里脊丝滑油，下青椒丝、红椒丝过油捞出沥油。

⓮⓯留底油，下姜丝爆香，下料酒，下里脊丝、青椒丝、红椒丝翻炒。

⓰⓱下盐、白糖、味精调味，下香油翻炒均匀出锅。

六、装盘

⓲⓳用徽子做盘头，将菜品盛出后，加松枝点缀装饰即可。

七、操作重难点

（1）里脊丝应粗细均匀，长短一致。

（2）浆里脊丝时注意加水的量，不宜加多，上浆干稀适宜、有劲。

（3）滑炒里脊丝时注意油温不能过高，否则会粘锅。

八、行家出手就是不一样，与你的同伴一起总结滑炒里脊丝的制作口诀

子任务 5　厨王争霸显本领

（1）观看了教师的示范操作，你一定心领神会了，来吧，与同学们比一比，看看今天谁是厨王！

（2）第二次制作滑炒里脊丝，你一定有了长足的进步！请记录你的感受。

子任务 6　温故而知新

扫码看答案

一、选择题

（1）制作滑炒里脊丝应选用（　　）作为原料。

A. 猪里脊　　　　　　B. 猪排骨　　　　　　C. 前夹肉　　　　　　D. 后臀肉

（2）里脊肉切丝时，肉丝标准为（　　）。

A.0.5 cm×0.5 cm　　B.0.4 cm×0.4 cm　　C.0.3 cm×0.3 cm　　D.0.2 cm×0.2 cm

（3）里脊丝腌制上浆时添加清水的方法是（　　）。

A. 一次性加足　　　　B. 多次少量　　　　　C. 不用给水　　　　　D. 以上都不对

（4）滑炒的技法是（　　）。

A. 冷锅冷油　　　　　B. 冷锅热油　　　　　C. 热锅热油　　　　　D. 热锅冷油

（5）腌制时添加料酒是为了（　　）。

A. 肉质更嫩　　　　　B. 去腥去异味　　　　C. 烹制时间更短　　　D. 以上都不对

二、思考题

（1）滑炒时需要注意什么？

（2）肉丝上浆为什么要逐次加水？

（3）你还有更好的摆盘方式吗？

子任务 7　主题活动

今天我们学习了制作滑炒里脊丝的方法，请根据子任务中的主题活动，将这美好的过程记录下来，同时也可以把制作的菜品拍成照片粘贴在空白处。

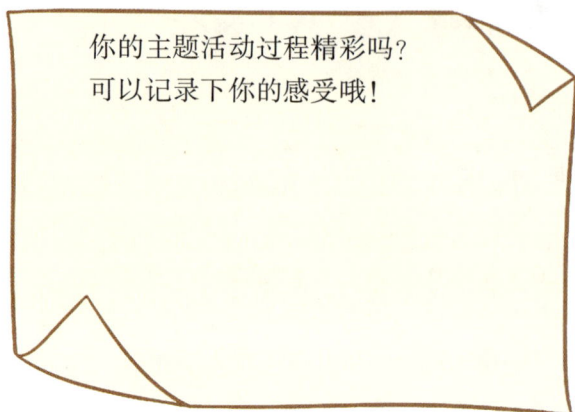

你的主题活动过程精彩吗？
可以记录下你的感受哦！

粘贴照片处

→ 知识拓展

一、原料知识

猪、羊、牛等动物脊椎旁边的两条肌肉即里脊肉，拉伸或者扭动的运动可以使里脊肉保持韧性，其不像其他部位肌肉那么硬。脊椎旁边的两条里脊肉紧靠脊椎骨，一直拉伸着且不放松，包裹里脊肉的不是硬质的筋，而是软板筋，所以这样的肉才是最鲜嫩的。猪里脊是猪肉中较嫩的部位之一，肉质细嫩，含有较少的筋膜和脂肪，因此更容易保持嫩滑的口感。

二、营养知识

猪肉为人类提供优质蛋白和必需的脂肪酸。猪肉可提供血红素（有机铁）和促进铁吸收的半胱氨酸，能改善缺铁性贫血。

三、养生知识

猪肉味甘咸、性平，入脾、胃、肾经，具有补肾养血、滋阴润燥之功效。主治热病伤津、消渴羸瘦、肾虚体弱、产后血虚、燥咳、便秘。猪肉煮汤饮下可急补由津液不足引起的烦躁、干咳、便秘等。

焦熘肉片

任务目标

（1）能掌握猪肉种类、产地信息、生长条件、营养知识，能合理搭配，能独立在案台或者荷台工作中运用合适技法处理原料。

（2）通过观摩教师示范与参与，掌握上浆腌制技法和吞炸等技术规范。

（3）能够按照行业岗位规范流程独立完成焦熘肉片，并完成菜肴的装盘。

任务导入

一、菜品介绍

焦熘肉片讲究肉片焦香酥嫩、挂汁咸酸微甜适口。焦熘，也叫脆熘，是将腌制入味的主料挂上淀粉糊之后炸至表皮焦脆，再回锅烹入料汁熘制的一种烹调方法，是老北京菜惯用的手法之一。

二、课程思政

本任务焦熘肉片主要用到了猪里脊肉，那咱们吃猪肉最早可以追溯到什么时候呢？中国历史悠久，而与猪有关的历史更是久远。

早在古代，《左传》中就有关于"六畜、五牲、三牺"的记载，其中猪被列入祭祀先祖的贡品范畴。甲骨文中的"豕"字形象生动地描绘了猪的形态，而"彘"代表未被驯服的野猪或成年猪，也以箭穿过的形状表现出了人类狩猎野猪的场景。这反映了中国人对食物的珍视和创新，也揭示了猪肉在中国社会中的特殊地位。无论是作为食物还是文化符号，中国的猪肉文化都值得我们深入探索和理解。

子任务 1　自主学习

（1）查阅资料，了解猪肉的原料知识，从种类、选择整理、加工及保存方式等方面进行调研并做好笔记。

（2）观看口袋视频，了解制作步骤，并回答以下问题。

①里脊肉切片的标准技法是什么？

②吞炸肉片时要注意什么？

子任务 2　小组拼图

（1）我们采用小组拼图的方式开始今天的自主学习吧。你加入了哪个小组呢？请根据分组情况填写下面的表格吧！

序号	组别	组员	任务	任务小结
1	食神组		理顺焦熘肉片的 制作流程	
2	文化组		调查猪养殖、藠头种植的历史、文化，猪肉、藠头的食用方式等	
3	口诀组		制定焦熘肉片的 制作口诀	
4	外联组		讨论制定本课程的 主题活动	

（2）外联组公布了本课程的主题活动，请将本次的主题活动记录下来吧！

子任务 3　小师傅小试牛刀探工序

（1）填写焦熘肉片的制作表。

制作表

学生姓名		制作班级		授课教师		制作时间		制作地点		
菜肴名称	手绘稿	英文菜名		原料名称、产地		用量/g		单价		单项成本
主料										
辅料										
调料										
燃料										
成本总额										
预计毛利率										

每斤	

每位		色	香	味	形	烹饪时耗	合计时耗

每例	

每份	

建议售价		菜肴特点	烹饪方法	盛装器皿	售卖单位	预计时耗	切配时耗

制作方法
1.
2.
3.
4.
5.
6.
7.

营养成分	饮食禁忌

（2）试做焦熘肉片，记录自己的试做体验，并反馈遇到的难点。

（3）自我评价。

项目 　　 分数 　　 指标	标准时间/分	选料投料准确	配料合理	刀工处理正确	糊浆使用得当	火候适当	口味适中	色泽恰当	汤汁适宜	操作规范	节约卫生	合计
标准分（百分制）												
扣分												
实得分												

子任务 4　行家出手习诀窍

一、操作概述

（1）初加工：里脊肉改刀片成薄片，用工具拍打紧实，留下刀孔；蒜头切成蒜泥。

（2）上浆腌制：肉片调味后抓揉上浆；上浆后下全蛋，面粉、淀粉按比例添加后抓匀。

（3）烹制：下肉片先小火吞炸一遍，再将油温升高复炸一遍；留底油炒香蒜泥，下番茄酱，下藠头翻炒，加清油使酱汁裹住肉片，最后下另一半蒜泥翻炒均匀即可出锅装盘。

二、原料

主料：里脊肉。

辅料：藠头。

调料：盐、白糖、味精、料酒、番茄酱、面粉、淀粉等。

三、初加工

❶将里脊肉片成厚约 0.5 cm 的薄片。

❷❸用刀背、刀尖、木槌捶打肉片打紧实，留下刀孔使之容易透味，再重复用刀背、刀尖、木槌将肉片打紧实。蒜拍扁，切成蒜泥。

四、上浆腌制

❹❺❻在肉片中下盐、味精、料酒抓揉，分三次加水，拌匀上浆。

❼❽❾❿下全蛋，按 1:1 比例下淀粉、面粉将肉片裹糊。

五、炸制

⓫四五成热油温，下肉片小火吞炸后捞出。

⓬六成热油温，再复炸一遍，呈金黄色时捞出沥油。

六、炒制

⓭留底油，下一半蒜泥炒香，下番茄酱炒匀。

⓮⓯下炸制好的肉片和藠头翻炒，加清油，使酱汁裹住肉片。

⓰下另一半蒜泥翻炒均匀。

七、装盘

⓱⓲⓳在盘中用巧克力和彩椒做盘饰，盛入肉片后用松针点缀即可。

八、操作重难点

（1）给肉片上浆时需三次给水。

（2）炸肉片时油温不能太高。

九、行家出手就是不一样，与你的同伴一起总结焦熘肉片的制作口诀

Note

子任务 5　厨王争霸显本领

（1）观看了教师的示范操作，你一定心领神会了，来吧，与同学们比一比，看看今天谁是厨王！

（2）第二次制作焦熘肉片，你一定有了长足的进步！请记录你的感受。

子任务 6　温故而知新

一、选择题

（1）制作焦熘肉片应选用（　　）作为原料。

A. 猪里脊　　　　　　　B. 猪排骨　　　　　　　C. 前夹肉　　　　　　　D. 后臀肉

（2）里脊肉切片时，肉片厚度标准为（　　）。

A. 0.5 cm　　　　　　　B. 0.4 cm　　　　　　　C. 0.3 cm　　　　　　　D. 0.2 cm

（3）肉片腌制上浆时添加清水的方法是（　　）。

A. 一次性加足　　　　　B. 多次少量　　　　　　C. 不用给水　　　　　　D. 以上都不对

（4）小火吞炸的油温是（　　）。

A. 三四成　　　　　　　B. 四五成　　　　　　　C. 五六成　　　　　　　D. 七八成

（5）复炸的油温是（　　）。

A. 三成　　　　　　　　B. 四成　　　　　　　　C. 五成　　　　　　　　D. 六成

二、思考题

（1）肉片上浆时为什么要分三次给水？

（2）两次炸制肉片时的油温分别是多少？

扫码看答案

（3）肉片为什么要复炸一次？

子任务 7　主题活动

今天我们学习了制作焦熘肉片的方法，请根据子任务中的主题活动，将这美好的过程记录下来，同时也可以把制作的菜品拍成照片粘贴在空白处。

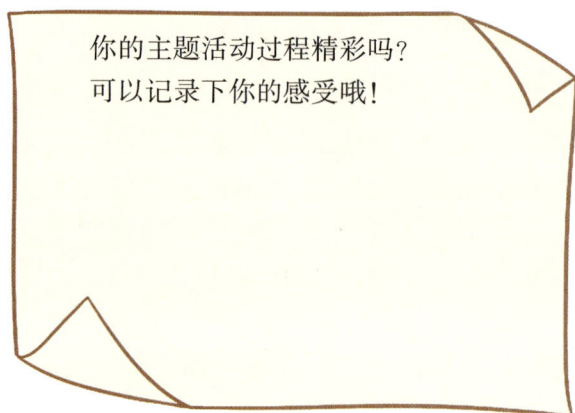

你的主题活动过程精彩吗？
可以记录下你的感受哦！

粘贴照片处

知识拓展

一、原料知识

藠头，石蒜科葱属多年生草本植物，鳞茎长椭圆形，数枚聚生，外皮膜质，白色或带红色；叶圆柱状、中空；花亭侧生，圆柱状，下被叶鞘，伞形花序近半球状，松散；花淡紫色至暗紫色，花被片宽椭圆形，顶端钝圆，花丝、花柱伸出花被外；花果期为 10—11 月。藠头作为植物名，被《中国植物志》收载并附以"薤"和"荞头"作为其别名。

二、营养知识

藠头的鳞茎为出口创汇产品，为高级蔬菜。味辣、甜，质脆嫩，叶亦可食用。

藠头味道可口，个大，色白，柔嫩，汁多味足，制成的罐头酸甜可口。其具有很高的药用价值，具有消食、除腻、防癌等功效，是中国重要的出口创汇蔬菜之一。

三、养生知识

《本草纲目》及《本草求真》中均有记载，认为藠头具有通阳散结、行气导滞、止带、安胎的功效，而且能促食欲、助消化、解油腻、舒经益气、通神安魂、散痕止痛。

糖醋排骨

任务目标

（1）通过听教师课堂讲解，能够理解糖醋排骨的成菜原理，并关注其菜中所涉食材排骨的识别、采购技巧等知识点。

（2）通过观摩教师示范与参与，明确糖醋排骨成菜中的剁块、焯水、炒制、焖炖及装盘等技术规范。

（3）能够按照行业岗位规范流程独立完成糖醋排骨，并完成菜肴的装盘。

任务导入

一、菜品介绍

糖醋排骨，是糖醋味型中具有代表性的一道大众喜爱的特色传统名菜。它选用新鲜猪排骨作主料，肉质鲜嫩，成菜色泽红亮油润。

二、课程思政

本任务糖醋排骨的主料是排骨，对于武汉人来说，排骨的另外一种做法——煨排骨（代表菜排骨藕汤），已深入到他们的内心中，成为一种情怀。

排骨藕汤的历史可以追溯到很久以前。在武汉的传统家常菜中，它一直占据着重要的地位。对于武汉人来说，排骨藕汤不仅仅是一道菜，更是一种情感的寄托。它代表了家的温暖、亲情的牵挂。此外，排骨藕汤代表了武汉传统的饮食文化，是这座城市历史与文化底蕴的一部分。通过这道菜，人们能够感受到武汉人民对于美食的追求和热爱，也能领略到武汉独特的烹饪技艺和口味传承。

子任务 1 自主学习

（1）查阅资料，了解排骨的原料知识，从种类、选择整理、加工及保存方式等方面进行调研并做好笔记。

（2）观看口袋视频，了解制作步骤，并回答以下问题。

①猪排骨为什么要焯水？

②焯水时为什么要加入料酒？

子任务2　小组拼图

（1）我们采用小组拼图的方式开始今天的自主学习吧。你加入了哪个小组呢？请根据分组情况填写下面的表格吧！

序号	组别	组员	任务	任务小结
1	食神组		理顺糖醋排骨的制作流程	
2	文化组		调查猪养殖的历史、文化，猪排骨的食用方式等	
3	口诀组		制定糖醋排骨的制作口诀	
4	外联组		讨论制定本课程的主题活动	

（2）外联组公布了本课程的主题活动，请将本次的主题活动记录下来吧！

子任务3　小师傅小试牛刀探工序

（1）填写糖醋排骨的制作表。

— 制作表 —

学生姓名	制作班级			授课教师	制作时间	制作地点		单项成本
菜肴名称	英文菜名	原料名称、产地				用量/g	单价	
手绘稿		主料	辅料	调料			燃料	成本总额

预计毛利率

每斤	每位	每例	每份	建议售价
	色			菜肴特点
	香			烹饪方法
	味			盛装器皿
	形			售卖单位
	烹饪时耗			预计时耗
	合计时耗			切配时耗

制作方法

1.

2.

3.

4.

5.

6.

7.

营养成分

饮食禁忌

（2）试做糖醋排骨，记录自己的试做体验，并反馈遇到的难点。

（3）自我评价。

项目 \ 分数 \ 指标	标准时间/分	选料投料准确	配料合理	刀工处理正确	糊浆使用得当	火候适当	口味适中	色泽恰当	汤汁适宜	操作规范	节约卫生	合计
标准分（百分制）												
扣分												
实得分												

子任务 4　行家出手习诀窍

一、操作概述

（1）初加工：排骨剁块，生姜拍散备用。

（2）焯水：排骨冷水下锅下料酒焯水，撇去浮沫，变色后冲洗干净浸入冷水。

（3）烧制：净锅下底油，爆香生姜，下排骨翻炒变色后加入料酒、陈醋和老抽；加清水后调味；大火烧开，小火慢炖，排骨炖烂后大火收汁加入陈醋，使酱汁包裹住排骨，即可成菜装盘。

二、原料

主料：猪排骨。

辅料：话梅。

调料：盐、白糖、味精、生姜、料酒、老抽、蚝油、陈醋、糖粉等。

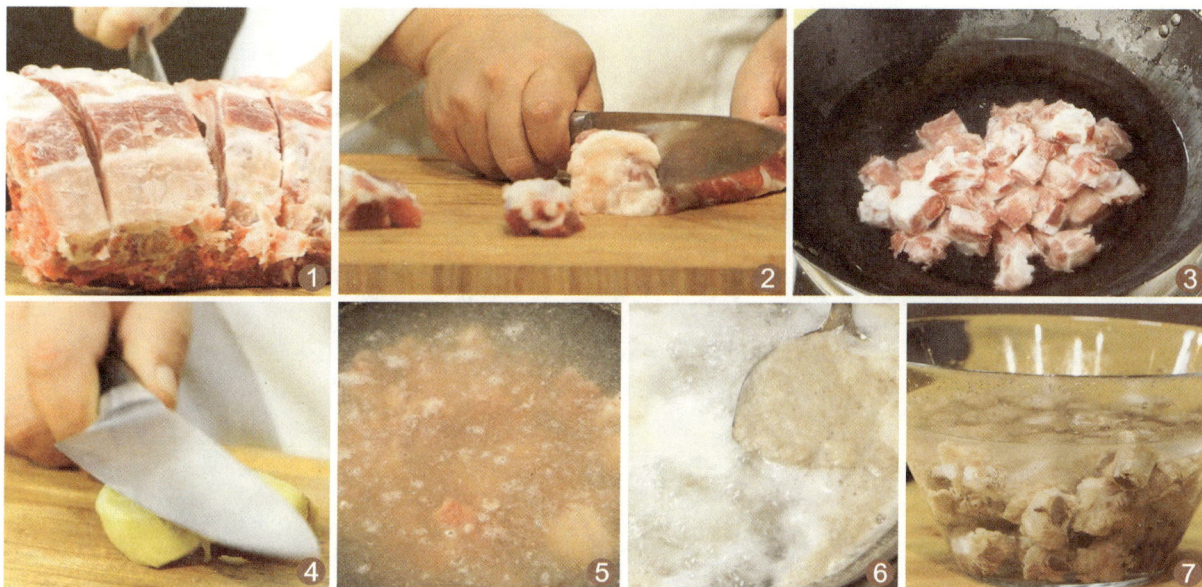

三、初加工

❶❷排骨改刀，剁成 5 cm 见方的块。

❹生姜拍散备用。

四、焯水

❸排骨冷水下锅焯水，加入料酒。

❺❻捞出浮沫，大火煮沸。

❼排骨变色后盛出浸入冷水中。

五、烧制

❽下底油，下生姜爆香。

❾❿下排骨翻炒，依次加入料酒、陈醋、老抽。

⓫⓬加清水，没过排骨，依次加入蚝油、盐、白糖、味精、话梅。

⓭大火烧开，小火慢炖，使排骨炖烂入味，大火收汁，熬出糖汁，加入陈醋，使酱汁包裹住排骨。

六、装盘

⓮⓯⓰用筷子将排骨夹出摆盘，撒上糖粉，摆上盘头即可。

七、操作重难点

（1）选带有肉的排骨烹制，剁成两骨相连的双排骨块。

（2）排骨煮至八成熟以后方能骨肉搓动。

（3）下糖后熬时要掌握好火候，使菜呈玫瑰色，排骨酥烂。

八、行家出手就是不一样，与你的同伴一起总结糖醋排骨的制作口诀

子任务 5　厨王争霸显本领

（1）观看了教师的示范操作，你一定心领神会了，来吧，与同学们比一比，看看今天谁是厨王！

（2）第二次制作糖醋排骨，你一定有了长足的进步！请记录你的感受。

子任务 6　温故而知新

一、选择题

（1）"糖醋排骨"选用（　　）作为主料。

A. 小排　　　　　　　　B. 腿肉　　　　　　　　C. 大排　　　　　　　　D. 肋排

（2）（　　）适合用来煨汤。

A. 筒子骨　　　　　　　B. 直排　　　　　　　　C. 猪里脊　　　　　　　D. 五花肉

（3）焯水时加入（　　）可以去除肉质中的异味。

A. 陈醋　　　　　　　　B. 生抽　　　　　　　　C. 料酒　　　　　　　　D. 蚝油

（4）烧排骨下锅前要使用（　　）来爆香，再和排骨一起炒制，起到一定的去肉腥味的作用。

A. 桂皮　　　　　　　　B. 陈皮　　　　　　　　C. 干辣椒　　　　　　　D. 生姜

（5）（　　）撒在菜肴上，色泽更加好看。

A. 红糖　　　　　　　　B. 黄糖　　　　　　　　C. 砂糖　　　　　　　　D. 糖粉

二、思考题

（1）烧制前排骨为什么要焯水？

（2）焯水时为什么要加入料酒？

（3）你还有更有创意的装盘方案吗？

子任务 7　主题活动

今天我们学习了制作糖醋排骨的方法，请根据子任务中的主题活动，将这美好的过程记录下来，同时也可以把制作的菜品拍成照片粘贴在空白处。

扫码看答案

Note

你的主题活动过程精彩吗？
可以记录下你的感受哦！

粘贴照片处

➡ **知识拓展**

一、原料知识

猪作为"六畜"之一，在古代称之为"豕"。猪是较早被驯化家养的三牲之一。早在原始时期就被用作祭祀神灵或祖先的重要祭品，十分珍贵。例如西周古菜"炮豚"，延续至今，广东地区在清明时节祭拜祖先时仍会用到烧肉或者烤乳猪作为祭品。

猪是主要肉类食物来源之一，猪肉味道鲜美，猪的其他部位如内脏、猪骨、脊髓、脂肪等，几乎都有药用价值。排骨有骨有肉，可补动物蛋白及矿物质。

二、营养知识

热量（3911.30 kcal）、蛋白质（171.27 g）、脂肪（331.11 g）、碳水化合物（60.65 g）、膳食纤维（0.38 g）、维生素 A（52.40 μg）、胡萝卜素（14.50 μg）、硫胺素（3.04 mg）、核黄素（1.70 mg）、尼克酸（46.53 mg）、维生素 C（1.90 mg）、维生素 E（78.09 mg）、钙（214.57 mg）、磷（1517.85 mg）、钠（10496.20 mg）、镁（246.27 mg）、铁（24.34 mg）、锌（35.62 mg）、硒（112.32 μg）、铜（1.97 mg）、锰（2.30 mg）、钾（2643.64 mg）、维生素 B6（0.01 mg）、泛酸（0.04 mg）、叶酸（23.60 μg）、维生素 K（0.70 μg）、胆固醇（1460.00 mg）。

三、养生知识

糖能益脾胃、养肌肤。酸者入肝、胆，养筋益韧带。糖有润肺生津、滋阴、调味、除口臭、解盐卤毒、止咳、和中益肺、舒缓肝气等功效。适当食用还有助于提高机体对钙的吸收。所有糖醋料理皆具有养益肝、脾经脉的效益。而猪排骨除含蛋白质、脂肪、维生素外，还含有大量磷酸钙、骨胶原、骨黏蛋白等营养物质。排骨炖煮后，其可溶性的钙、磷、钠、钾等，大部分进入汤中。钙、镁遇醋酸后产生醋酸钙，可以更好地被人体吸收利用。

糖醋排骨中的猪肉含有丰富的优质蛋白和必需的脂肪酸，并能提供血红素（有机铁）和促进铁吸收的半胱氨酸，能改善缺铁性贫血；具有补肾养血、滋阴润燥的功效；但由于猪肉中胆固醇含量偏高，故肥胖人群及血脂较高者不宜多食。

糖醋排骨其中的排骨含有丰富的骨黏蛋白、骨胶原、磷酸钙、维生素、脂肪、蛋白质等营养物质。

Note

猪肝汤

任务目标

（1）通过听教师课堂讲解，能够理解猪肝汤菜品中的原料采购、保管常识，以及相关营养、食疗等知识点。

（2）通过观摩教师示范与参与，明确猪肝汤中猪肝改刀、码味、汆制时间、火候把控及装盘技巧与规范。

（3）能够按照行业岗位规范流程独立完成猪肝汤，并完成菜肴的装盘。

任务导入

一、菜品介绍

猪肝汤是用猪肝等食材制作的一道家常菜。猪肝中铁质丰富，是补血食品中最常用的食物，食用可调节和改善贫血患者造血系统的生理功能。

二、课程思政

1934年1月25日，东方军打下了沙县；2月9日又乘胜攻下了久围未克的将乐县城。随后，朱德总司令从泰宁县城的红军总部出发，骑马赶到将乐县城布置工作。

到了军团部，正好赶上工人、赤卫队敲锣打鼓给红军送来了6头大猪，军团部按市价付钱，赤卫队队员们硬是不收，相互推让着。

朱德总司令招手让大家静下来，讲明了红军能打胜仗，靠的是"三大纪律、六项注意"，赤卫队队员们这才收下了红军的钱。

当天晚上，军团部里灯火通明，人声鼎沸，庆功宴就摆在大厅和周边的房间。说是宴席，其实只比平时加了一大盆菜——猪肉煮萝卜。

宴会即将开始，大家有说有笑地来到大厅。朱德总司令和七军团军团长寻淮洲、政委乐少华，还有警卫员、参谋等8个人凑了一桌，眼尖的他扫了一眼，就发现自己这一桌比别的桌上多了一大盆炒猪肝。朱德总司令得知别桌没有这道菜时严肃地批评了大家，向大家宣传了官兵平等才能出战斗力的道理。之后，他端起桌上的那盆炒猪肝，挨桌分拨，让大家一起品尝。

政委乐少华站起身来，以朱德总司令的行动为例为大家上了一堂生动的思想教育课，指出了革命队伍中，搞特殊化是不对的，红军之所以能够战胜敌人，其中重要的一条就是官兵一致，同甘共苦，并要求大家认真记取。

朱德总司令这才宣布——开饭！一盆炒猪肝映射出了红军纪律的严明和官兵一心、同甘共苦的优良作风。

Note

子任务 1 自主学习

（1）查阅资料，了解猪肝的原料知识，从种类、选择整理、加工及保存方式等方面进行调研并做好笔记。

（2）观看口袋视频，了解制作步骤，并回答以下问题。

①猪肝、瘦肉腌制时需要注意什么？

②汆煮时怎么保持原料鲜嫩的口感？

子任务 2 小组拼图

（1）我们采用小组拼图的方式开始今天的自主学习吧。你加入了哪个小组呢？请根据分组情况填写下面的表格吧！

序号	组别	组员	任务	任务小结
1	食神组		理顺猪肝汤的制作流程	
2	文化组		调查猪肝的历史、文化、食用方式等	
3	口诀组		制定猪肝汤的制作口诀	
4	外联组		讨论制定本课程的主题活动	

（2）外联组公布了本课程的主题活动，请将本次的主题活动记录下来吧！

子任务 3 小师傅小试牛刀探工序

（1）填写猪肝汤的制作表。

制作表

学生姓名		菜肴名称		制作班级		英文菜名	

	授课教师	制作时间	制作地点	

手绘稿	原料名称、产地	用量g	单价	单项成本
主料				
辅料				
调料				
燃料				
成本总额			预计毛利率	

每斤								
每位		色	香	味	形	烹饪时耗	合计时耗	
每例								
每份								
建议售价		菜肴特点	烹饪方法	盛装器皿	售卖单位	预计时耗	切配时耗	
制作方法	1.	2.	3.	4.	5.	6.	7.	营养成分 饮食禁忌

（2）试做猪肝汤，记录自己的试做体验，并反馈遇到的难点。

（3）自我评价。

项目 指标 分数	标准时间/分	选料投料准确	配料合理	刀工处理正确	糊浆使用得当	火候适当	口味适中	色泽恰当	汤汁适宜	操作规范	节约卫生	合计
标准分（百分制）												
扣分												
实得分												

子任务 4　行家出手习诀窍

一、操作概述

（1）刀工：切片是中餐烹饪中重要的一项基本功，平刀片的技艺水准则能更加体现一名厨师的水准。在片肉的过程中，猪肝片、猪肉片要尽量切薄，肉片要斜着纹路切，厚薄要均匀。这样能够保证它们在氽制时的成熟程度一致，从而使菜肴的口感更好。

（2）氽制：猪肝汤这道菜肴主要运用的技法是水烹法中的氽。氽是沸水下料，水开即成的一种烹调方法。在氽制猪肝片和肉片时，不能大力划动，要用筷子慢慢划开。

二、原料

主料：鲜猪肝、精瘦肉。

辅料：粉丝、口蘑。

调料：盐、味精、胡椒粉、生抽、料酒、生姜、小葱、干淀粉等。

三、初加工

❶❷猪肝改刀，切成约 0.5 cm 的薄片，漂洗干净。

❸瘦肉改刀后去掉筋膜等杂质，切成约 0.5 cm 厚的薄片，用清水漂洗干净。

❹将口蘑切成约 0.5 cm 厚的薄片。

❺❻拆散粉丝，用温水泡软。

❼生姜切片，小葱切末。

四、腌制

❽将猪肝片沥干水分与瘦肉片混合在一起。

❾❿撒上干淀粉，下生抽、料酒拌匀，依次下味精、胡椒粉，搅拌均匀。腌制半小时左右。

五、汆煮

⓫下底油，下姜片爆香。

⓬下口蘑翻炒，加清水。

⓭下盐、味精调味，煮沸后下猪肝片、瘦肉片汆煮片刻。

⓮将粉丝水分沥干后放入器皿底部，撒上少许葱花和胡椒粉备用。

六、装盘

⓯⓰起锅后，先将猪肝片、瘦肉片盛入器皿内，再将汤汁倒入器皿中，将底部的粉丝烫熟，最后撒上葱花和盘饰点缀即可。

七、操作重难点

（1）注意猪肝片、瘦肉片应大小、厚薄一致。

（2）浆制猪肝片、瘦肉片时淀粉量应根据食材多少来定。

（3）汆煮猪肝片和瘦肉片时，应把控好汆煮时间，保持猪肝的鲜嫩口感。

八、行家出手就是不一样，与你的同伴一起总结猪肝汤的制作口诀

子任务 5　厨王争霸显本领

（1）观看了教师的示范操作，你一定心领神会了，来吧，与同学们比一比，看看今天谁是厨王！

（2）第二次制作猪肝汤，你一定有了长足的进步！请记录你的感受。

子任务 6　温故而知新

扫码看答案

一、选择题

（1）猪肝汤采用的烹饪方法是水烹法中的（　　）。

A. 煮　　　　　　　　B. 炖　　　　　　　　C. 煨　　　　　　　　D. 汆

（2）猪肝常和以下哪项原料搭配制汤？（　　）

A. 腰花　　　　　　　B. 猪脑　　　　　　　C. 猪血　　　　　　　D. 猪瘦肉

（3）腌制时，加入（　　）会使猪肝片和瘦肉片更鲜嫩。

A. 淀粉　　　　　　　B. 生抽　　　　　　　C. 陈醋　　　　　　　D. 料酒

（4）粉丝应用（　　）浸泡。

A. 开水　　　　　　　B. 冰水　　　　　　　C. 常温水　　　　　　D. 温开水

（5）猪肝汤制好后，可以在汤碗内加入少量（　　），丰富汤的味道。

A. 玉桂粉　　　　　　B. 孜然粉　　　　　　C. 胡椒粉　　　　　　D. 辣椒粉

二、思考题

（1）怎么把控浆制猪肝片和瘦肉片的淀粉用量？

（2）汆煮猪肝片和瘦肉片时应注意什么？

（3）怎么把控猪肝片和瘦肉片的汆煮时间？

子任务 7　主题活动

今天我们学习了制作猪肝汤的方法，请根据子任务中的主题活动，将这美好的过程记录下来，同时也可以把制作的菜品拍成照片粘贴在空白处。

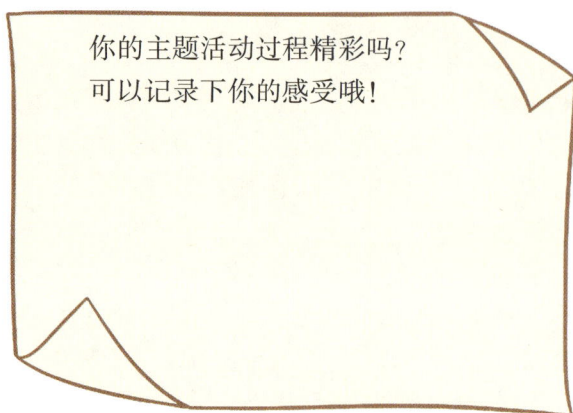

你的主题活动过程精彩吗？
可以记录下你的感受哦！

粘贴照片处

知识拓展

一、原料知识

猪肝是猪的内脏之一，由于猪的品种不同，猪肝也被分为不同种类。从形态和口感的角度，猪肝可以分成黄沙肝、油肝（绵肝）、麻肝（母肝）、石肝和血肝五种。黄沙肝的特点是又大又厚，摸起来很柔软，稍微用力就能戳出一个口，并且表面没有水肿、脓肿、硬块等，煮熟之后变为白色。

二、营养知识

猪肝中含有丰富的维生素 A，具有明目的功效，能缓解视力疲劳。瘦肉中也富含铁元素，且瘦肉中含有的半胱氨酸和血红素可以促进人体吸收铁元素，能改善贫血。

三、养生知识

猪肝，具有养肝明目，补气健脾之功效。常用于肝虚目昏，夜盲，疳眼，脾胃虚弱，小儿疳积，脚气，水肿，久痢脱肛，带下。

蒜泥白肉

任务目标

（1）通过听教师课堂讲解，能够理解蒜泥白肉的成菜历史背景，并关注其菜中所涉食材猪五花肉的识别、采购技巧等知识点。

（2）通过观摩教师示范与参与，明确蒜泥白肉成菜中的烙毛、焯水、煮制及装盘等技术规范。

（3）能够按照行业岗位规范流程独立完成蒜泥白肉，并完成菜肴的装盘。

任务导入

一、菜品介绍

蒜泥白肉是一道中国传统菜品，属于川菜菜系，制作原料主要有蒜泥、肉等，口味鲜美，营养丰富，食时用筷拌合，随着热气，一股酱油、辣椒油和大蒜组合的香味直扑鼻端，使人食欲大振。蒜味浓厚，肥而不腻。

二、课程思政

较早记载"白肉"的资料是宋代孟元老的《东京梦华录》、耐得翁的《都城纪胜》等书，但"白肉"的发扬光大却是在满族同胞聚居之地东北。

清代袁枚写的《随园食单》说白片肉"是北人擅长之菜"，比袁枚小十四岁的四川文人李调元在整理他父亲李化楠宦游江南时收集的烹饪资料手稿时，也将江浙一带的"白煮肉法"载入了《醒园录》之中。

子任务 1　自主学习

（1）查阅资料，了解猪肝的原料知识，从种类、选择整理、加工及保存方式等方面进行调研并做好笔记。

（2）观看口袋视频，了解制作步骤，并回答以下问题。

①处理五花肉时需要做哪些工作？

②煮制五花肉需要注意什么？

子任务 2　小组拼图

（1）我们采用小组拼图的方式开始今天的自主学习吧。你加入了哪个小组呢？请根据分组情况填写下面的表格吧！

序号	组别	组员	任务	任务小结
1	食神组		理顺蒜泥白肉的制作流程	
2	文化组		调查五花肉的历史、文化、食用方式等	
3	口诀组		制定蒜泥白肉的制作口诀	
4	外联组		讨论制定本课程的主题活动	

（2）外联组公布了本课程的主题活动，请将本次的主题活动记录下来吧！

子任务 3　小师傅小试牛刀探工序

（1）填写蒜泥白肉的制作表。

Note

78

— 制作表 —

学生姓名		制作班级		授课教师		制作时间		制作地点		
菜肴名称		英文菜名								
手绘稿										

	原料名称、产地	用量/g	单价	单项成本
主料				
辅料				
调料				
燃料				
成本总额			预计毛利率	

每斤								
每位		色	香	味	形	烹饪时耗	合计时耗	
每例								
每份								
建议售价		菜肴特点	烹饪方法	盛装器皿	售卖单位	预计时耗	切配时耗	

制作方法								
1.								
2.								
3.								
4.								
5.								
6.								
7.							营养成分	饮食禁忌

（2）试做蒜泥白肉，记录自己的试做体验，并反馈遇到的难点。

（3）自我评价。

指标 分数 项目	标准 时间 /分	选料 投料 准确	配料 合理	刀工 处理 正确	糊浆 使用 得当	火候 适当	口味 适中	色泽 恰当	汤汁 适宜	操作 规范	节约 卫生	合计
标准分（百分制）												
扣分												
实得分												

子任务 4　行家出手习诀窍

一、操作概述

（1）初加工：烧掉五花肉表面的杂质和猪毛，使皮紧实；将五花肉浸入冷水中，刮去杂质；生姜切片，葱切段备用；五花肉冷水下锅，下葱段、姜片、料酒去腥去异味，撇去浮沫；再将煮熟的五花肉冷藏 4 小时以上；平刀法将黄瓜和五花肉片成薄片，挂在支架上。

（2）调味汁：调制豆瓣酱、蒜泥酱、毛姜醋、烤肉蘸酱、红油、甜面酱、泰式辣椒酱、芝麻酱等。

二、原料

主料：五花肉。

辅料：黄瓜。

调料：小葱、生姜、蒜头、盐、白糖、味精、豆瓣酱、甜面酱、芝麻酱、生抽、香醋、料酒、泰式甜辣酱、孜然粉、辣椒粉、味椒盐、白芝麻、香油、红油等。

三、初加工

❶ 用喷枪将五花肉皮表面的杂质烧掉，将猪皮烘烤紧实。

❷❸ 再将五花肉浸入冷水中，用刀将猪皮表面的杂质刮去。

❹❺ 生姜切片，葱切段。

❻ 五花肉冷水下锅。

❼❽ 下葱段、姜片，料酒煮开，直至猪肉熟透，其间捞出浮沫。将煮熟的五花肉冷藏4小时以上。

❾❿ 黄瓜洗净去蒂，平刀法片成约0.5 mm的薄片。注意，手要稳，力道要均匀。

⓫⓬ 将冷冻好的五花肉也片成0.5 mm的薄片，使其厚薄均匀。

⓭⓮ 将肉片与黄瓜片交叠挂在支架上。

四、调味汁

准备：切姜丝、切蒜泥、切葱花。

酱料1：豆瓣酱剁碎，盛入器皿中。

酱料2：下蒜泥，淋香油。

酱料3：香醋、姜丝、葱花、生抽。

酱料4：孜然粉、辣椒粉、味椒盐、白芝麻。

酱料5：红油。

酱料6：甜面酱。

酱料7：泰式辣椒酱。

酱料8：芝麻酱。

五、装盘

⓯ 将酱料与挂有肉片和黄瓜片的木架放在一起，空隙用绿植装饰即可。

六、操作重难点

（1）五花肉一定要煮透，要冷藏4小时以上。

（2）五花肉片厚薄均匀，需透光。

Note

七、行家出手就是不一样，与你的同伴一起总结蒜泥白肉的制作口诀

子任务 5　厨王争霸显本领

（1）观看了教师的示范操作，你一定心领神会了，来吧，与同学们比一比，看看今天谁是厨王！

（2）第二次制作蒜泥白肉，你一定有了长足的进步！请记录你的感受。

子任务 6　温故而知新

扫码看答案

一、选择题

（1）蒜泥白肉采用的烹饪方法是水烹法中的（　　）。

A. 煮　　　　　　　　B. 炖　　　　　　　　C. 煨　　　　　　　　D. 汆

（2）五花肉位于猪的（　　）部。

A. 腿　　　　　　　　B. 腹　　　　　　　　C. 颈　　　　　　　　D. 背

（3）五花肉煮透后，需冷藏（　　）小时以上。

A.1　　　　　　　　　B.2　　　　　　　　　C.3　　　　　　　　　D.4

（4）五花肉用平刀法片成（　　）的薄片。

A.0.2 mm　　　　　　B.0.5 mm　　　　　　C.0.8 mm　　　　　　D.1 mm

（5）煮制时，五花肉应用（　　）下锅。

A. 沸水　　　　　　　B. 温水　　　　　　　C. 冷水　　　　　　　D. 以上都不对

二、思考题

（1）用火烧猪皮除了去掉杂质外还有什么作用？

（2）五花肉为什么需要冷藏 4 小时以上？

Note

（3）平刀法片五花肉和黄瓜需要注意什么？

子任务 7　主题活动

今天我们学习了制作蒜泥白肉的方法，请根据子任务中的主题活动，将这美好的过程记录下来，同时也可以把制作的菜品拍成照片粘贴在空白处。

你的主题活动过程精彩吗？
可以记录下你的感受哦！

粘贴照片处

知识拓展

一、原料知识

五花肉亦称肋条肉、三线肉。处于猪的腹部中心，介于脊背与奶脯之间。在脊背下方为整个胸肋的大部分，又叫五花肉或奶面（奶面不带排骨），又称肋条肉。肋条肉又分硬肋、软肋。硬肋的肉质坚实，质量比软肋好。五花肉肥瘦共有五层（俗称五花三层），适于做扒肉条、红烧、白炖、过油、粉蒸等。此外尚有猪油（包括板油、网油）剥下可熬油或作馅料之用。

在我国各地以五花肉成菜品种精品颇多，如东北酸菜白肉炖血肠，延边的烤五花肉，湖北的粉蒸肉，广东的梅菜扣肉、香芋扣肉，四川的甜烧白，江苏的樱桃肉等。

二、营养知识

猪五花肉肥瘦相间，含有蛋白质与脂肪等。猪肉可为人体提供优质蛋白和必需的脂肪酸。猪肉中的氨基酸如半胱氨酸能促进铁的吸收，改善缺铁性贫血。猪肉富含的脂肪有助于维持体温和保护内脏，提供必需脂肪酸，促进这些脂溶性维生素的吸收，增加饱腹感。

三、养生知识

壮嫩花猪糯而易熟、香而不腥腻者为猪肉佳品。猪油性甘、咸，平。归脾、胃、肾经。日常食之可滋阴液、益精髓、充胃汁、补肝血、长气力、丰肌体、润皮肤。《随息居饮食谱》谓："烹法甚多，惟整块洗净，略抹糖霜，干蒸极烂者，味全力厚，最为补益。古人所谓蒸豚也。"常用养生方有猪肉粥、板栗烧肉等。

回锅牛肉

（1）通过听教师课堂讲解，能够理解回锅牛肉的成菜历史背景，并关注其菜中所涉食材卤牛肉识别、采购技巧等知识点。

（2）通过观摩教师示范与参与，明确回锅牛肉成菜中的炸制、炒制及装盘等技术规范。

（3）能够按照行业岗位规范流程独立完成回锅牛肉，并完成菜肴的装盘。

任务导入

一、菜品介绍

回锅牛肉起源于四川农村地区，古代时期称作油爆锅，四川地区大部分家庭都会制作。所谓回锅，就是再次烹调的意思。回锅牛肉是将瘦牛肉用调料卤好后，放置油锅内炸至金黄捞出，用酱汁勾芡后制得。本菜含有丰富的蛋白质、矿物质，口感嫩滑，味道鲜美，营养丰富，老少皆宜。

二、课程思政

本任务中的主料牛肉，有多种中式烹饪技法，今天我们来看看来自潮汕人家的一种做法——潮汕牛肉丸。

汕头牛肉丸起源于潮菜，制作技艺则源自 2000 多年前的宫廷菜肴"捣珍"，这一技艺在潮汕地区流传了上百年。目前，蔡溪记的第三代传人蔡德溪，40 多年来用心、用槌捶打牛肉丸，成为"汕头全牛宴制作技艺"市级非遗代表性传承人。

子任务 1　自主学习

（1）查阅资料，了解卤牛肉的原料知识，从种类、选择整理、加工及保存方式等方面进行调研并做好笔记。

Note

（2）观看口袋视频，了解制作步骤，并回答以下问题。

①洋葱片切后怎么处理？

②青红椒片、洋葱片为什么要过油？

子任务 2　小组拼图

（1）我们采用小组拼图的方式开始今天的自主学习吧。你加入了哪个小组呢？请根据分组情况填写下面的表格吧！

序号	组别	组员	任务	任务小结
1	食神组		理顺回锅牛肉的制作流程	
2	文化组		调查牛肉的历史、文化、食用方式等	
3	口诀组		制定回锅牛肉的制作口诀	
4	外联组		讨论制定本课程的主题活动	

（2）外联组公布了本课程的主题活动，请将本次的主题活动记录下来吧！

子任务 3　小师傅小试牛刀探工序

（1）填写回锅牛肉的制作表。

— 制作表 —

学生姓名	制作班级		授课教师	制作时间		制作地点		
菜肴名称	英文菜名	原料名称、产地			用量/g	单价	单项成本	
手绘稿		主料						
		辅料						
		调料						
		燃料						
		成本总额						预计毛利率

每斤							
每位		色	香	味	形	烹饪时耗	合计时耗
每例							
每份							
建议售价		菜肴特点	烹饪方法	盛装器皿	售卖单位	预计时耗	切配时耗

制作方法

1.

2.

3.

4.

5.

6.

7.

营养成分

饮食禁忌

（2）试做回锅牛肉，记录自己的试做体验，并反馈遇到的难点。

（3）自我评价。

指标　　分数　项目	标准时间/分	选料投料准确	配料合理	刀工处理正确	糊浆使用得当	火候适当	口味适中	色泽恰当	汤汁适宜	操作规范	节约卫生	合计
标准分（百分制）												
扣分												
实得分												

子任务 4　行家出手习诀窍

一、操作概述

（1）初加工：卤牛肉切片；洋葱切片；青红椒、生姜改刀成菱形片。

（2）炒制：牛肉片、洋葱片、青红椒片过油；留底油，下姜片爆香；下豆瓣酱炒出红油；下牛肉片、洋葱片、青红椒片，调味后炒匀出锅装盘。

二、原料

主料：卤牛肉。

辅料：洋葱、青椒、红椒。

调料：盐、味精、生抽、蚝油、豆瓣酱、生姜等。

三、初加工

❶卤牛肉切成厚约 0.2 cm 的薄片。

❷洋葱去蒂切片。

❸❹❺青椒、红椒去蒂去籽改刀成菱形片。

❻生姜切菱形片。

四、炒制

❼❽三成热油温，下牛肉片、洋葱片、青红椒片过油。

❾留底油，下姜片爆香。

❿下豆瓣酱炒出红油。

⓫下牛肉片、洋葱片、青红椒片。

⓬下生抽、蚝油、盐、味精调味，炒匀出锅。

五、装盘

⓭⓮事先做好盘头，盛出后稍加整理即可。

六、操作重难点

（1）洋葱片需打散。

（2）豆瓣酱下锅后需炒出红油。

（3）青红椒片、洋葱片过油可以使原料色彩更加鲜亮。

七、行家出手就是不一样，与你的同伴一起总结回锅牛肉的制作口诀

子任务 5　厨王争霸显本领

（1）观看了教师的示范操作，你一定心领神会了，来吧，与同学们比一比，看看今天谁是厨王！

（2）第二次制作回锅牛肉，你一定有了长足的进步！请记录你的感受。

子任务 6　温故而知新

一、选择题

（1）回锅牛肉采用的原料是（　　）。

A. 煮牛肉　　　　　　　B. 炖牛肉　　　　　　　C. 煨牛肉　　　　　　　D. 卤牛肉

（2）青红椒需改刀成（　　）。

A. 丝　　　　　　　　　B. 块　　　　　　　　　C. 菱形片　　　　　　　D. 以上都不对

（3）油温（　　）下牛肉片、洋葱片、青红椒片过油。

A. 三成热　　　　　　　B. 四成热　　　　　　　C. 五成热　　　　　　　D. 六成热

（4）牛肉相比猪肉，有更多的（　　）。

A. 脂肪　　　　　　　　B. 蛋白质　　　　　　　C. 水分　　　　　　　　D. 矿物质

（5）洋葱片、青红椒片过油的目的是（　　）。

A. 色泽更亮　　　　　　B. 更脆更嫩　　　　　　C. 更软更糯　　　　　　D. 以上都不对

二、思考题

（1）切洋葱时要注意什么？

（2）青红椒片和洋葱片过油的目的是什么？

（3）你还有其他的装盘创意吗？

扫码看答案

Note

子任务 7　主题活动

今天我们学习了制作回锅牛肉的方法，请根据子任务中的主题活动，将这美好的过程记录下来，同时也可以把制作的菜品拍成照片粘贴在空白处。

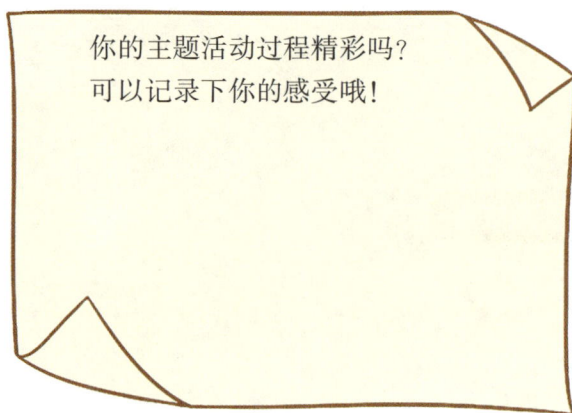

你的主题活动过程精彩吗？
可以记录下你的感受哦！

粘贴照片处

知识拓展

一、原料知识

牛肉的辨别方法如下。

一看，看肉皮有无红点，无红点者是好肉，有红点者是坏肉；看肌肉，新鲜肉有光泽，红色均匀，较次的肉，肉色稍暗；看脂肪，新鲜肉的脂肪洁白或为淡黄色，次品肉的脂肪缺乏光泽，变质肉脂肪呈绿色。

二闻，新鲜肉具有正常的气味，较次的肉有一股氨味或酸味。

三摸，一是要摸弹性，新鲜肉有弹性，指压后凹陷立即恢复，次品肉弹性差，指压后的凹陷恢复很慢甚至不能恢复，变质肉无弹性；二要摸黏度，新鲜肉表面微干或微湿润，不黏手，次新鲜肉外表干燥或黏手，新切面湿润黏手，变质肉严重黏手，外表极干燥，有些注水严重的肉也完全不黏手，但可见到外表呈水湿样，不结实。

二、营养知识

牛肉含有丰富的蛋白质、氨基酸，其组成比猪肉更接近人体需要，能提高机体抗病能力，对正处于生长发育阶段及手术后、病后调养的人在补充失血和修复组织等方面特别适宜。

三、养生知识

中医食疗认为，寒冬食牛肉，有暖胃作用，为寒冬补益佳品。中医认为，牛肉有补中益气、滋养脾胃、强健筋骨、化痰息风、止渴止涎的功能。适用于中气下陷、气短体虚、筋骨酸软和贫血久病及面黄目眩之人食用。

干煸牛肉丝

▶ 任务目标

（1）通过听教师课堂讲解，能够理解干煸牛肉丝的成菜历史背景，并关注其菜中所涉食材牛肉识别、采购技巧等知识点。

（2）通过观摩教师示范与参与，明确干煸牛肉丝成菜中的干煸及装盘等技术规范。

（3）能够按照行业岗位规范流程独立完成干煸牛肉丝，并完成菜肴的装盘。

▶ 任务导入

一、菜品介绍

干煸牛肉丝起源于四川地区，是川菜中的一道名菜。干煸牛肉丝以牛肉为制作主料，采用干煸技巧制作而成，其香、麻、辣、咸、鲜、甜六味俱全，是一道下饭、佐酒的好菜。

二、课程思政

过雪山草地，是红军长征中最困难的阶段，红军先后翻越了多座雪山和茫茫草地，吃尽了千辛万苦，付出了巨大牺牲。

通常所说的"雪山草地"主要位于今四川省阿坝藏族羌族自治州境内，地处四川省的西北部，青藏高原的东南边。参加过长征的邓颖超回忆："长征中除了作战外，粮食问题成为当时最大的困难，尤其是经四川西北部藏族地区时，粮食就更困难了。"红一军团政委聂荣臻也提到："这一带人烟稀少，又是少数民族地区，部队严重缺粮，我们几乎天天为粮食问题发愁。"

为准备过雪山草地，1935年6月20日，朱德、周恩来、王稼祥发布了《关于筹办节省及携带粮食办法的通电》，要求各部队除筹足5天休整所需要的粮食外，还应筹足7天粮食准备携带；各部队应尽一切可能在规定地区没收、征发及购买一切麦子、杂粮、油盐及牛羊猪等食物；牛羊猪肉烤成肉干代替干粮，每1斤鲜肉作半斤计算；每天改成两餐，一稀一干。

由于当地物资奇缺，各部队很难按要求备足粮食。开国上将杨成武回忆：在藏区打鼓村时，因地势较高，麦子尚未成熟，才开始含蕾，田野间还是一片青绿色。吃野芹菜、野苦麦菜、豌豆叶子，就从此开始了。每人每天只能吃两三整粒的青稞麦子，肚子饿得有点难受。每天各个连队轮流派出一些人去寻找野菜、野苗子，以作充饥之资料。

子任务 1　自主学习

（1）查阅资料，了解牛肉的原料知识，从种类、选择整理、加工及保存方式等方面进行调研并做好笔记。

Note

（2）观看口袋视频，了解制作步骤，并回答以下问题。

①牛肉丝在炒制之前为什么要滑锅？

②炒出的牛肉原汁为什么要倒出一部分？

子任务2　小组拼图

（1）我们采用小组拼图的方式开始今天的自主学习吧。你加入了哪个小组呢？请根据分组情况填写下面的表格吧！

序号	组别	组员	任务	任务小结
1	食神组		理顺干煸牛肉丝的制作流程	
2	文化组		调查牛肉的历史、文化、食用方式等	
3	口诀组		制定干煸牛肉丝的制作口诀	
4	外联组		讨论制定本课程的主题活动	

（2）外联组公布了本课程的主题活动，请将本次的主题活动记录下来吧！

子任务3　小师傅小试牛刀探工序

（1）填写干煸牛肉丝的制作表。

— 制作表 —

学生姓名		制作班级	
菜肴名称		英文菜名	
授课教师		制作时间	
制作地点			

	原料名称、产地	用量/g	单价	单项成本
主料				
辅料				
调料				
燃料				
成本总额				
预计毛利率				

手绘稿

每斤							
每位		色	香	味	形	烹饪时耗	合计时耗
每例							
每份							
建议售价		菜肴特点	烹饪方法	盛装器皿	售卖单位	预计时耗	切配时耗
制作方法	1.	2.	3.	4.	5.	6.	7.

营养成分	饮食禁忌

（2）试做干煸牛肉丝，记录自己的试做体验，并反馈遇到的难点。

（3）自我评价。

项目 \ 分数 \ 指标	标准时间/分	选料投料准确	配料合理	刀工处理正确	糊浆使用得当	火候适当	口味适中	色泽恰当	汤汁适宜	操作规范	节约卫生	合计
标准分（百分制）												
扣分												
实得分												

子任务 4 行家出手习诀窍

一、操作概述

（1）初加工：牛肉改刀成牛肉丝；生姜切丝，小葱切段；豆瓣酱剁碎备用，芹菜梗切段。

（2）炒制：滑锅后，下牛肉丝煸炒出牛肉汁，将牛肉汁倒出备用；继续煸炒牛肉丝呈深红色，备用；净锅后，留底油，下豆瓣酱炒出红油，下姜丝、牛肉丝快速翻炒，调味后下芹菜梗条及适量牛肉汁翻炒出锅装盘。

二、原料

主料：牛肉。

辅料：芹菜。

调料：盐、白糖、味精、料酒、老抽、胡椒粉、白芝麻、生姜、干辣椒、花椒、香油、小葱、豆瓣酱等。

三、初加工

❶❷❸牛肉改刀，加工切成 0.5 cm×0.5 cm 的牛肉丝。

❹生姜切丝，小葱切段。

❺豆瓣酱剁碎。

❻芹菜去根叶、洗净，将芹菜梗切成粗细均匀的段条。

四、炒制

❼净锅上火，滑锅，留底油，下牛肉丝煸炒。

❽再加少许料酒继续煸炒。

❾起锅倒出锅内牛肉汁备用。

❿锅上火，继续煸炒至牛肉丝呈深红色时倒入漏勺待用。

⓫锅上火，加少许油入锅，下豆瓣酱炒香出红油，下姜丝、牛肉丝快速翻炒。

⓬⓭下调料、芹菜梗条、适量牛肉汁翻炒出锅。

五、装盘

⓮事先做好盘头，盛出后稍加整理即可。

六、操作重难点

（1）牛肉丝不能切太宽，太宽的牛肉丝呈扁条状不易煸干。

（2）注意煸炒时候的火候。

七、行家出手就是不一样，与你的同伴一起总结干煸牛肉丝的制作口诀

子任务 5 厨王争霸显本领

（1）观看了教师的示范操作，你一定心领神会了，来吧，与同学们比一比，看看今天谁是厨王！

（2）第二次制作干煸牛肉丝，你一定有了长足的进步！请记录你的感受。

子任务 6 温故而知新

一、选择题

（1）干煸牛肉丝采用的原料是（　　）。

A. 牛后腿　　　　　　B. 牛里脊　　　　　　C. 牛排骨　　　　　　D. 牛腩

（2）牛肉改刀成（　　）的牛肉丝。

A. 0.2 cm × 0.2 cm　　B. 0.3 cm × 0.3 cm　　C. 0.5 cm × 0.5 cm　　D. 0.8 cm × 0.8 cm

（3）炒制牛肉丝时，下料酒的作用是（　　）。

A. 去腥去异味　　　　B. 使肉质更嫩　　　　C. 增加鲜味　　　　　D. 以上都不对

（4）干煸牛肉丝应选用产自（　　）的豆瓣酱。

A. 荆沙　　　　　　　B. 郫县　　　　　　　C. 武汉　　　　　　　D. 长沙

（5）干煸牛肉丝的味型是（　　）。

A. 香辣　　　　　　　B. 酸甜　　　　　　　C. 酸辣　　　　　　　D. 麻辣

扫码看答案

二、思考题

（1）牛肉条需切成什么形状？为什么？

（2）干煸时火候应该怎样掌控？

（3）你还有其他的装盘创意吗？

Note

子任务 7　主题活动

　　今天我们学习了制作干煸牛肉丝的方法，请根据子任务中的主题活动，将这美好的过程记录下来，同时也可以把制作的菜品拍成照片粘贴在空白处。

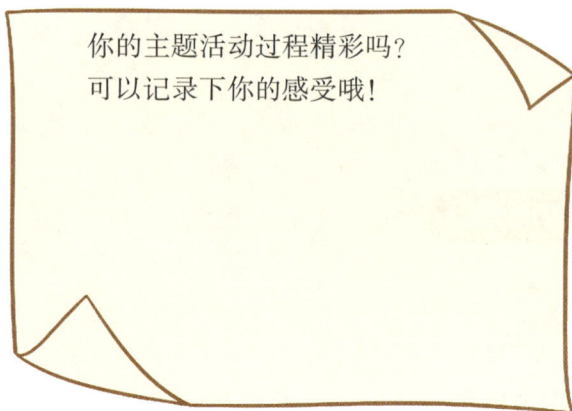

你的主题活动过程精彩吗？
可以记录下你的感受哦！

粘贴照片处

知识拓展

一、原料知识

　　牛肉，指从牛身上获得的肉，为常见的肉品之一。来源可以是奶牛、公牛、小母牛。牛的肌肉部分可以切成牛排、牛肉块或牛仔骨，也可以与其他的肉混合做成香肠或血肠。其他部位可食用的还有牛尾、牛肝、牛舌、牛百叶、牛胰腺、牛胸腺、牛心、牛脑、牛肾、牛鞭等。牛肠也可以吃，不过常用作香肠衣。牛骨可用作饲料。

二、营养知识

　　芹菜是一种高营养价值的蔬菜，富含蛋白质、碳水化合物、膳食纤维、维生素、钙、磷、铁、钠等 20 多种营养元素。蛋白质和磷的含量比瓜类高 1 倍，铁的含量比番茄多 20 倍。

三、养生知识

　　芹菜中具有许多药理活性成分，主要活性成分包括：黄酮类物质、挥发油化合物、不饱和脂肪酸、叶绿素、菇类、香豆素衍生物等。科研人员研究最多、最深入的是芹菜素，其具有抗肿瘤、抗炎、抗氧化、降血压、扩血管等功效。芹菜中富含芹菜素，可直接以新鲜芹菜榨汁服用或嫩芹菜捣汁加蜜糖少许服用。芹菜中钙、磷含量较高，可促进骨骼健康。芹菜纤维素含量高，经过消化可产生一种抗氧化剂，可以抑制肠内细菌，还可以加快肠的蠕动，促进排泄，缩短致癌物与结肠黏膜接触时间，预防结肠癌。芹菜中富含钾，可预防水肿，水肿患者宜多食新鲜芹菜汁。芹菜中富含铁，经常食用能起到补铁的作用。芹菜中含有可以中和尿酸的物质，经常吃鲜奶煮芹菜可预防痛风。

模块三

禽肉类菜肴制作

扫码看课件

导入

　　中国是饲养家禽较早的国家之一。古代对禽类和兽类的概念有明确的区分。据《尔雅·释鸟》的解释，"二足而羽谓之禽，四足而毛谓之兽"。在《孔子家语》中则以卵生或胎生来区别禽兽。禽与鸟同义，经过驯化饲养的禽类称"家禽"，自古以来通常指鸡、鸭与鹅等，其中鸡的驯化可能早于其他家禽。禽肉可为人类提供必不可少的脂肪、蛋白质和多种微量元素。本模块以红焖鸡翅、红烧鸭块、银芽鸡丝、酥炸鸡排四种菜肴为例对禽肉类热菜的制作进行讲解。

红焖鸡翅

（1）能掌握鸡肉种类、产地信息、生长条件、营养知识，能合理搭配，能独立在案台或者荷台工作中运用合适技法处理原料。

（2）通过观摩教师示范与参与，掌握鸡翅的腌制技法和红焖等技术规范。

（3）能够按照行业岗位规范流程独立完成红焖鸡翅，并完成菜肴的装盘。

一、菜品介绍

红焖鸡翅，外文名 braised chicken wings，此菜品为以鸡翅为主要食材的家常菜，味道咸鲜，美味可口。其蛋白质的含量较高，脂肪含量较低，鸡肉蛋白质中富含全部必需氨基酸，有温中益气、补精添髓、强腰健胃等功效，对于保持皮肤光泽、增强皮肤弹性均有好处。

二、课程思政

1934年4月下旬，毛主席从瑞金来到粤赣省委驻地会昌文武坝，指导南线工作。

毛主席来到文武坝后，白天，他与群众一道耕田、车水、积肥；休息时，与群众谈生产、拉家常、促膝谈心；晚上，开调查会、看材料、批文件，熬到半夜才睡，有时才刚刚睡下，公鸡就报晓了。

房东邹永泉看在眼里，想在心上，一听到鸡叫，就坐卧不安，生怕把毛主席吵醒。后来，邹永泉看到毛主席睡得更晚了，刚刚熄了灯躺下，公鸡就报晓了。于是邹永泉就走到鸡笼边，把公鸡抱出来，不让它啼鸣。

一天天不亮，公鸡又报晓。邹永泉起了床，干脆磨了刀，抓了鸡，准备宰杀。不料，毛主席闻声起了床，向邹永泉问道："好好一只报晓鸡，怎么要杀掉呀？"邹永泉不安地说："毛主席呀，您为我们日夜操劳，睡得那么晚，这鸡一叫，会吵闹您睡不好觉。"毛主席笑笑，说："不要杀，不要杀！"邹永泉说什么也不肯："这鸡吵得您睡不好觉，我心里不安哪！"

毛主席诙谐地劝道："有了报晓鸡，黑暗变光明，千门万户开呀，你难道不高兴？"

邹永泉听了毛主席的话，收起刀子，把鸡放了。毛主席笑笑，说："这就对了，这就对了，就让它天天叫，天天报晓吧！你看，会昌不是已经天亮了吗！我们黑暗的中国就要变成光明的中国了。"

红军北上后，会昌又暂时黑了天，人们心里像压了块大石头。可是，一听到鸡报晓，就想起了毛主席的话，眼就更明，心也就更亮。

子任务 1　自主学习

（1）查阅资料，了解鸡肉的原料知识，从种类、选择整理、加工及保存方式等方面进行调研并做好笔记。

口袋视频

（2）观看口袋视频，了解制作步骤，并回答以下问题。

①鸡翅为什么要焯水？

②炸制鸡翅的过程中需要注意什么？

子任务 2　小组拼图

（1）我们采用小组拼图的方式开始今天的自主学习吧。你加入了哪个小组呢？请根据分组情况填写下面的表格吧！

序号	组别	组员	任务	任务小结
1	食神组		理顺红焖鸡翅的制作流程	
2	文化组		调查鸡养殖的历史、文化，鸡肉的食用方式等	
3	口诀组		制定红焖鸡翅的制作口诀	
4	外联组		讨论制定本课程的主题活动	

（2）外联组公布了本课程的主题活动，请将本次的主题活动记录下来吧！

子任务 3　小师傅小试牛刀探工序

（1）填写红焖鸡翅的制作表。

Note

制作表

学生姓名		制作班级		授课教师		制作时间		制作地点			单项成本
菜肴名称		英文菜名									
手绘稿											

	原料名称、产地	用量/g	单价	单项成本
主料				
辅料				
调料				
燃料				
成本总额				
预计毛利率				

		色	香	味	形	烹饪时耗	合计时耗
每斤							
每位							
每例							
每份							
建议售价		菜肴特点	烹饪方法	盛装器皿	售卖单位	预计时耗	切配时耗

制作方法	
1.	
2.	
3.	
4.	
5.	
6.	
7.	

营养成分	
饮食禁忌	

（2）试做红焖鸡翅，记录自己的试做体验，并反馈遇到的难点。

（3）自我评价。

项目\分数\指标	标准时间/分	选料投料准确	配料合理	刀工处理正确	糊浆使用得当	火候适当	口味适中	色泽恰当	汤汁适宜	操作规范	节约卫生	合计
标准分（百分制）												
扣分												
实得分												

子任务 4　行家出手习诀窍

一、操作概述

（1）初加工：鸡翅洗净后焯水，捞出沥水备用；小葱打结，生姜切片；凤梨去皮改刀成伞形。

（2）腌制：下盐、味精、料酒、葱结、姜片拌匀腌制15分钟。

（3）烹制：油烧至五成热，炸制鸡翅；留底油，下姜片爆香，加清水调味，下凤梨块，大火收汁后装盘即可。

二、原料

主料：鸡翅、凤梨。

调料：盐、白糖、味精、老抽、料酒、小葱、生姜等。

三、初加工

❶❷鸡翅洗净，冷水下锅焯水，水沸腾后捞出沥水备用。

❸小葱打结，生姜切片。

❻❼凤梨去皮，改刀成伞形。

四、腌制

❹❺下盐、味精、料酒、葱结、姜片拌匀，腌制 15 分钟左右。

五、炸制

❽❾油烧至五成热，下腌制好的鸡翅炸制成金黄色起锅沥油。

六、烧制

❿留底油，下姜片爆香。

⓫加清水，下鸡翅烧制。依次下盐、白糖、味精、老抽，下凤梨块。

⓬捞出浮沫，大火收汁。

七、装盘

⓭⓮容器底部铺上绿植，将鸡翅置于绿植上，再将新鲜凤梨块置于鸡翅上，容器中点缀盘饰即可。

八、操作重难点

（1）腌制鸡翅的时候一定要拌匀，腌制时间不宜过短。

（2）鸡翅易熟，烧制时间不宜过长。

九、行家出手就是不一样，与你的同伴一起总结红焖鸡翅的制作口诀

Note

子任务 5 厨王争霸显本领

（1）观看了教师的示范操作，你一定心领神会了，来吧，与同学们比一比，看看今天谁是厨王！

（2）第二次制作红焖鸡翅，你一定有了长足的进步！请记录你的感受。

子任务 6 温故而知新

一、选择题

（1）关于鸡翅焯水的作用说法不正确的是（　　）。

A. 去腥　　　　　　B. 去异味　　　　　C. 减少烧制时间　　　D. 味道更鲜

（2）鸡翅焯水时用（　　）。

A. 冷水　　　　　　B. 温水　　　　　　C. 沸水　　　　　　D. 以上都不对

（3）腌制鸡翅时，没有用到的调料是（　　）。

A. 盐　　　　　　　B. 味精　　　　　　C. 姜片　　　　　　D. 老抽

（4）炸制鸡翅时的油温控制在（　　）。

A. 三成热　　　　　B. 四成热　　　　　C. 五成热　　　　　D. 六成热

（5）烧制鸡翅时，添加白糖是为了（　　）。

A. 更咸　　　　　　B. 更甜　　　　　　C. 提鲜　　　　　　D. 以上都不对

二、思考题

（1）烧制鸡翅前为什么需要焯水和炸制？

（2）炸制鸡翅的油温多少为宜？为什么？

扫码看答案

109

（3）你还有更好的摆盘方式吗？

子任务 7　主题活动

今天我们学习了制作红焖鸡翅的方法，请根据子任务中的主题活动，将这美好的过程记录下来，同时也可以把制作的菜品拍成照片粘贴在空白处。

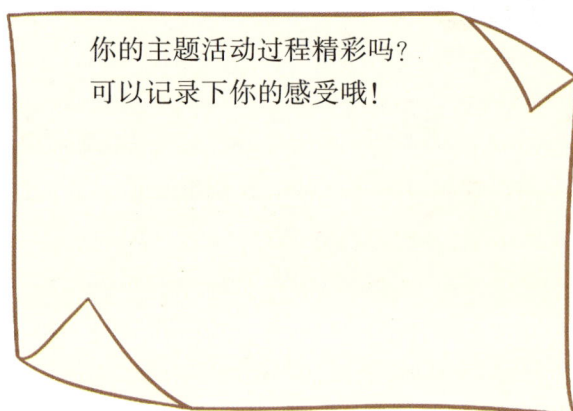

你的主题活动过程精彩吗？
可以记录下你的感受哦！

粘贴照片处

知识拓展

一、原料知识

鸡翅又名鸡翼、大转弯，肉少、皮富胶质，又分"鸡膀""膀尖"两种。鸡膀，连接鸡体至鸡翅的第一关节处，肉质较多。

鸡翅上有皮肤、肌肉和骨，皮肤是器官水平的结构，每一块肌肉、骨也都是一个个的器官，而且鸡翅可参与鸡的运动。因此，鸡翅是系统水平的结构。

二、营养知识

鸡翅含有大量可强健血管及皮肤的胶原及弹性蛋白等。鸡翅含有大量的维生素 A，远超过青椒。维生素 A 具有多种生理功能，对保护视力、上皮组织及骨骼的发育、精子的生成和胎儿的生长发育都是必需的。

三、养生知识

鸡肉富含营养，能够滋补养生，其含有的蛋白质、磷脂类营养元素含量较高，容易被人体消化利用，能够提高人体免疫力，强身健体。同时食用鸡肉还可以缓解营养不良、畏寒怕冷、身体疲惫、月经不调、贫血虚弱，有补虚填精、活血脉、强筋骨的作用。

红烧鸭块

→ 任务目标

（1）能掌握鸭肉种类、产地信息、生长条件、营养知识，能合理搭配，能独立在案台或者荷台工作中运用合适技法处理原料。

（2）通过观摩教师示范与参与，掌握鸭肉的改刀技法和红烧等技术规范。

（3）能够按照行业岗位规范流程独立完成红烧鸭块，并完成菜肴的装盘。

→ 任务导入

一、菜品介绍

红烧鸭块是一道地道的家常菜肴，色泽红亮，味美鲜香。鸭肉清火败毒，无论是红烧还是煲汤都适合阴虚内热的人群食用。鸭肉不仅能补血行水养胃生津，提高脾胃功能，预防脾虚腹泻，还能缓解消化不良。

二、课程思政

1934年冬月的一天，红军来到瓮安猴场。尽管一些人抹黑红军，但是，大多数人都半信半疑。恰逢这天赶场，周围三四十里的老百姓都想借这个机会亲眼看看红军究竟是红的，还是绿的？

石门坎的干人邓银安也到猴场街上来卖鸭。两个挑着箩筐的年轻红军，说说笑笑地朝街上走来。穿黑衣服的瘦高个红军伸手从篾箩箩里捉起只老母鸭，操着江西话和气地问："老表，哦，你这鸭子怎么卖？"

邓银安慌了，不知怎么回答。他想了想，紧张地说："哎，老总，要哪样钱，看得起，你就捉去杀吃算了。"瘦高个红军笑眯眯地说："老乡，我们是共产党，买东西是一定要给钱的。"

穿灰衣服的红军接过鸭子，捏着翅膀提起试了试重量，也笑眯眯地说："买卖公平嘛，叫你吃亏还要得？你看要多少钱？"

看到他有些为难，灰衣服红军就说："我们是为穷人闹翻身的队伍，有纪律规定，买东西不仅要拿钱，而且还要公平。"

后来两个红军用半块铜元买了邓银安的两只鸭子走了。邓银安提起篾箩箩，摸着亮堂堂的铜元，在拥挤的人群中边走边说："买卖公平，买卖公平！"

红军长征途中，尽管条件艰苦，环境恶劣，但人人笃行恪守党规，爱护百姓，秋毫不犯，深得群众拥戴，最终走向胜利。

江山就是人民、人民就是江山，打江山、守江山，守的是人民的心。新的征程上我们要始终恪守群众纪律，永远保持同人民群众的血肉联系，始终同人民想在一起、干在一起，风雨同舟、同甘共苦，继续为实现人民对美好生活的向往不懈努力，努力为党和人民争取更大光荣！

Note

子任务 1 自主学习

（1）查阅资料，了解鸭肉的原料知识，从种类、选择整理、加工及保存方式等方面进行调研并做好笔记。

（2）观看口袋视频，了解制作步骤，并回答以下问题。

①鸭肉改刀需要注意什么？

口袋视频

②为什么鸭肉需要焯水？

子任务 2 小组拼图

（1）我们采用小组拼图的方式开始今天的自主学习吧。你加入了哪个小组呢？请根据分组情况填写下面的表格吧！

序号	组别	组员	任务	任务小结
1	食神组		理顺红烧鸭块的制作流程	
2	文化组		调查鸭养殖的历史、文化，鸭肉的食用方式等	
3	口诀组		制定红烧鸭块的制作口诀	
4	外联组		讨论制定本课程的主题活动	

（2）外联组公布了本课程的主题活动，请将本次的主题活动记录下来吧！

子任务 3 小师傅小试牛刀探工序

（1）填写红烧鸭块的制作表。

制作表

学生姓名		制作班级		授课教师		制作时间		制作地点		
菜肴名称		英文菜名						单价		单项成本
手绘稿			原料名称、产地			用量/g				
	主料									
	辅料									
	调料									
	燃料									
	成本总额				预计毛利率					

建议售价		每份		每例		每位		每斤
菜肴特点						色		
烹饪方法						香		
盛装器皿						味		
售卖单位						形		
预计时耗						烹饪时耗		
切配时耗						合计时耗		

制作方法	
1.	
2.	
3.	
4.	
5.	
6.	
7.	

营养成分	饮食禁忌

（2）试做红烧鸭块，记录自己的试做体验，并反馈遇到的难点。

（3）自我评价。

项　目＼分　数＼指　标	标准时间/分	选料投料准确	配料合理	刀工处理正确	糊浆使用得当	火候适当	口味适中	色泽恰当	汤汁适宜	操作规范	节约卫生	合计
标准分（百分制）												
扣分												
实得分												

子任务 4　行家出手习诀窍

一、操作概述

（1）初加工：鸭肉改刀剁块；生姜、蒜头切末，小葱切段。

（2）焯水：鸭块冷水下锅，煮沸后捞出冲凉水。

（3）烧制：下底油，下生姜末、蒜末、八角、桂皮、干辣椒、花椒、香叶炒香；下鸭块快速翻炒；下调料，加清水烧制，先大火后中小火，再转大火收汁；下水淀粉勾芡后炒匀起锅装盘。

二、原料

主料：活鸭。

调料：盐、味精、冰糖、生姜、蒜头、小葱、生抽、老抽、料酒、白胡椒粉、干辣椒、桂皮、八角、香叶、花椒、水淀粉等。

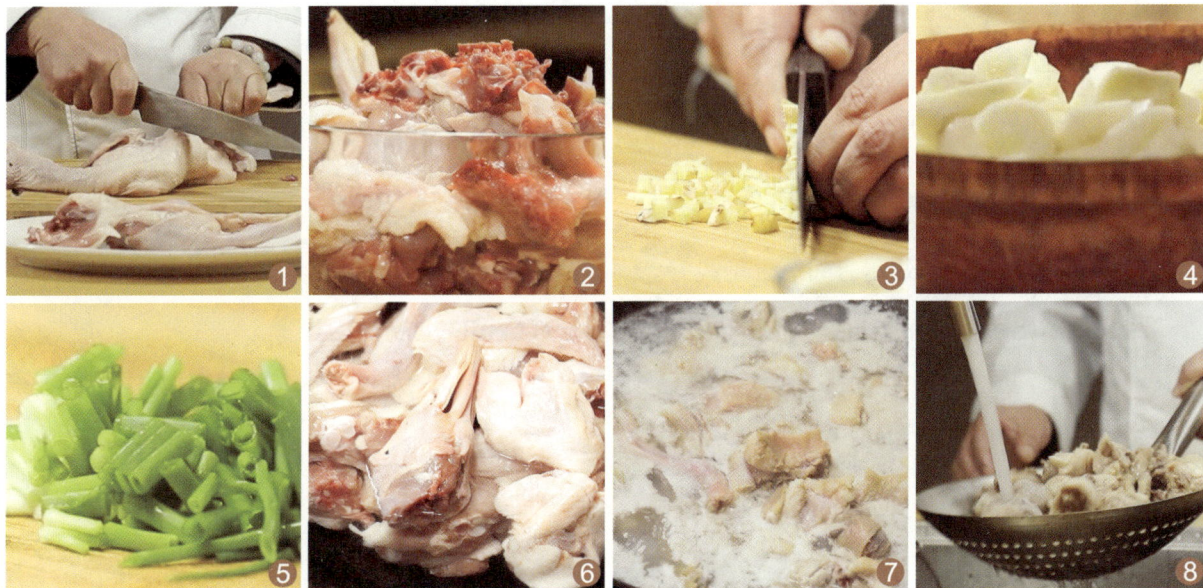

三、初加工

①②鸭肉改刀剁块。

③④⑤生姜、蒜头切末备用，小葱切段备用。

四、焯水

⑥⑦鸭块冷水下锅，煮沸后捞起。

⑧冲凉水，去掉杂质与浮沫。

五、烧制

⑨下底油，下生姜末、蒜末、八角、桂皮、干辣椒、花椒、香叶炒香。

⑩下鸭块快速翻炒。

⑪⑫依次下料酒、冰糖、盐、味精、生抽、老抽。

⑬加清水烧制，大火烧开后，转中小火慢炖1小时左右，大火收汁。

⑭⑮下水淀粉勾芡，撒上葱段、白胡椒粉，淋面油翻炒均匀起锅。

六、装盘

⑯将鸭块盛入器皿中，表面撒上绿植点缀。

七、操作重难点

（1）鸭块需剁均匀，大小尽量统一。

（2）鸭肉不易烂，烧制时间需要把控好。

八、行家出手就是不一样，与你的同伴一起总结红烧鸭块的制作口诀

子任务5　厨王争霸显本领

（1）观看了教师的示范操作，你一定心领神会了，来吧，与同学们比一比，看看今天谁是厨王！

（2）第二次制作红烧鸭块，你一定有了长足的进步！请记录你的感受。

子任务6　温故而知新

一、选择题

（1）鸭块焯水后需要（　　）。

A. 冲热水　　　　　　　　B. 冲凉水　　　　　　　C. 放入冰水　　　　　D. 直接下锅炒制

（2）关于鸭块焯水后冲水说法不正确的是（　　）。

A. 快速降温，使肉质紧实　　B. 冲去浮沫　　　　　　C. 洗去杂质　　　　　D. 使肉质更松散

（3）关于快速翻炒鸭块的目的说法不正确是（　　）。

A. 炒干水分　　　　　　　　B. 炒出油脂　　　　　　C. 炒出香味　　　　　D. 炒松肉质

（4）制作红烧鸭块时没有用到的调料是（　　）。

A. 干辣椒　　　　　　　　　B. 冰糖　　　　　　　　C. 料酒　　　　　　　D. 小茴香

（5）烧制红烧鸭块时火候怎么掌握？（　　）

A. 大火烧开转中小火慢炖　　B. 一直大火　　　　　　C. 大火转中火　　　　D. 以上都不对

二、思考题

（1）烧制鸭肉前为什么要焯水？

（2）焯水后冲凉水的目的是什么？

扫码看答案

Note

（3）你还有更好的摆盘方式吗？

子任务 7　主题活动

今天我们学习了制作红烧鸭块的方法，请根据子任务中的主题活动，将这美好的过程记录下来，同时也可以把制作的菜品拍成照片粘贴在空白处。

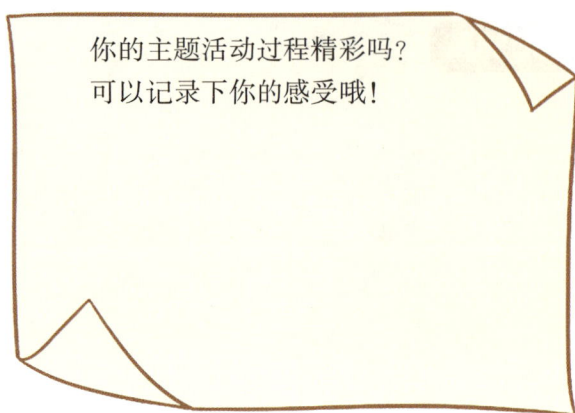

你的主题活动过程精彩吗？
可以记录下你的感受哦！

粘贴照片处

→ 知识拓展

一、原料知识

鸭属脊椎动物亚门鸟纲雁形目鸭科动物，是由野生绿头鸭和斑嘴鸭驯化而来。鸭主要分两种：一种为番鸭，又叫瘤头鸭、洋鸭。在繁殖季节，公番鸭能散发出浓烈的麝香气味，所以又称麝香鸭。一种为水鸭，又名蚬鸭，学名叫绿头鸭，古代称为野鸭、晨鸭等。

鸭是为餐桌上的上乘肴馔，也是人们进补的优良食品。鸭肉的营养价值与鸡肉相仿。

二、营养知识

鸭肉性寒，味甘、咸，归脾、胃、肺、肾经，可大补虚劳、滋五脏之阴、清虚劳之热、补血行水、养胃生津、止咳自惊、清热健脾，可用于虚弱浮肿、身体虚弱、病后体虚、营养不良性水肿。

三、养生知识

鸭肉适宜体内有热、上火的人食用；低热、体质虚弱、食欲不振、大便干燥和水肿的人，食之更佳。同时适宜营养不良者，产后病后体虚，盗汗、遗精者，月经少的妇女，咽干口渴者食用；还适宜癌症患者及放疗、化疗后，糖尿病、肝硬化腹水、肺结核、慢性肾炎水肿者食用。

对于素体虚寒，受凉引起的不思饮食，胃部冷痛，腹泻清稀，腰痛及寒性痛经以及肥胖、动脉硬化、慢性肠炎者应少食；感冒患者不宜食用。

银牙鸡丝

任务目标

（1）能掌握鸡肉种类、产地信息、生长条件、营养知识，能合理搭配，能独立在案台或者荷台工作中运用合适技法处理原料。

（2）通过观摩教师示范与参与，掌握鸡胸肉改刀技法和腌制、滑油、滑炒等技术规范。

（3）能够按照行业岗位规范流程独立完成银芽鸡丝，并完成菜肴的装盘。

任务导入

一、菜品介绍

银芽鸡丝是传统天津风味佳肴。银芽是对绿豆芽的别样叫法，还可以称作绿豆芽菜、绿豆菜、豆芽菜。银芽鸡丝是将鸡大胸肉切成丝与绿豆芽搭配快炒而成。烹制中不加有色的调料，鸡丝裹糊也只是加蛋清，不加蛋黄，所以，鸡丝颜色很清爽，炒出的菜品洁白素雅，鸡丝滑嫩，银针爽脆，口味咸鲜。

二、课程思政

本任务银牙鸡丝是一道传统的中式菜肴，主料为鸡胸肉。中华美食中，吃鸡养鸡历史源远流长。

考古发现，中国是较早驯养家鸡的文明国家之一。新石器时代早期的河北磁山遗址、河南新郑裴李岗遗址、陕西西安半坡遗址中，都出土有大量的鸡骨。

在商代后期都城遗址殷墟出土的甲骨文中，都有"鸡"字的表现。

雄鸡一声天下白，鸡与鸡文化伴随着中华古老的历史记忆，长盛不衰。

子任务 1 ｜ 自主学习

（1）查阅资料，了解鸡肉的原料知识，从种类、选择整理、加工及保存方式等方面进行调研并做好笔记。

（2）观看口袋视频，了解制作步骤，并回答以下问题。

①鸡肉切丝需要注意什么？

②腌制鸡丝时，为什么只放蛋清不放蛋黄？

子任务 2　小组拼图

（1）我们采用小组拼图的方式开始今天的自主学习吧。你加入了哪个小组呢？请根据分组情况填写下面的表格吧！

序号	组别	组员	任务	任务小结
1	食神组		理顺银芽鸡丝的制作流程	
2	文化组		调查鸡养殖的历史、文化，鸡肉的食用方式等	
3	口诀组		制定银芽鸡丝的制作口诀	
4	外联组		讨论制定本课程的主题活动	

（2）外联组公布了本课程的主题活动，请将本次的主题活动记录下来吧！

子任务 3　小师傅小试牛刀探工序

（1）填写银芽鸡丝的制作表。

— 制作表 —

学生姓名														
制作班级	授课教师	制作时间	制作地点											单项成本
菜肴名称	英文菜名	原料名称、产地	用量/g	单价										预计毛利率
	手绘稿	主料												
		辅料												
		调料												
		燃料												
		成本总额												

制作方法		建议售价		每份	每例	每位		每斤
1.		菜肴特点				色		
2.		烹饪方法				香		
3.		盛装器皿				味		
4.		售卖单位				形		
5.		预计时耗				烹饪时耗		
6.		切配时耗				合计时耗		
7.								
营养成分								
饮食禁忌								

（2）试做银芽鸡丝，记录自己的试做体验，并反馈遇到的难点。

（3）自我评价。

项　目 \ 指　标 \ 分　数	标准时间/分	选料投料准确	配料合理	刀工处理正确	糊浆使用得当	火候适当	口味适中	色泽恰当	汤汁适宜	操作规范	节约卫生	合计
标准分（百分制）												
扣分												
实得分												

子任务 4　行家出手习诀窍

一、操作概述

（1）初加工：鸡胸肉洗净后，先片成片，再改刀成鸡肉丝；改刀好的鸡肉丝放入清水中浸泡；红椒去蒂去籽，切成红椒丝；绿豆芽洗净摘好，浸泡待用。

（2）腌制：下蛋清、盐、味精、水淀粉给鸡肉丝上浆。

（3）滑油、过油：低油温下鸡肉丝滑油；红椒丝、绿豆芽过油。

（4）炒制：给适量水，调味，水淀粉勾芡成汁；下鸡肉丝、红椒丝、绿豆芽翻炒，淋面油炒匀出锅装盘即可。

二、原料

主料：鸡胸肉。

辅料：红椒、绿豆芽、鸡蛋。

调料：盐、白糖、味精、水淀粉等。

三、初加工

❶❷鸡胸肉洗净，片成厚约 0.3 cm 的肉片，将肉片切成宽约 0.3 cm 厚的鸡肉丝。

❸将鸡肉丝浸入清水中浸泡。

❹❺❻红椒去蒂去籽，切成宽约 0.3 cm 的红椒丝。

❼将鸡肉丝换水，漂洗干净。

⓫绿豆芽摘洗干净与红椒丝一同用冷水浸泡。

四、腌制

❽❾❿下蛋清、盐、味精、水淀粉上浆。

五、滑油、过油

⓬⓭二、三成热油温，下鸡肉丝滑油。

⓮⓯下红椒丝、绿豆芽过油。

六、炒制

⓰滑锅后给适量水，下盐、白糖、味精、水淀粉调成芡汁，快速搅匀。下鸡肉丝、红椒丝、绿豆芽翻炒，淋面油炒匀出锅。

七、装盘

⓱事先做好盘头，将菜品堆放在器皿中稍加整理即可。

八、操作重难点

（1）注意滑油的油温，不能过高。

（2）熬芡汁时需要不停搅拌，避免煳锅。

（3）芡薄适量，不落芡汁。

九、行家出手就是不一样，与你的同伴一起总结银芽鸡丝的制作口诀

子任务 5　厨王争霸显本领

（1）观看了教师的示范操作，你一定心领神会了，来吧，与同学们比一比，看看今天谁是厨王！

（2）第二次制作银芽鸡丝，你一定有了长足的进步！请记录你的感受。

子任务 6　温故而知新

扫码看答案

一、选择题

（1）鸡胸肉改刀成鸡丝的标准是（　　）。

A. 0.3 cm × 0.3 cm　　　　B. 0.1 cm × 0.1 cm　　　　C. 0.4 cm × 0.4 cm　　　　D. 0.5 cm × 0.5 cm

（2）鸡肉丝用清水浸泡的作用是（　　）。

A. 增香　　　　　　B. 去杂质、去血水　　　　C. 更嫩　　　　　　D. 以上都不对

（3）腌制时，下蛋清的作用说法不正确的是（　　）。

A. 可使鸡肉丝更嫩滑　　　　　　　　B. 可使鸡肉丝更白

C. 可使鸡肉丝肉质更干　　　　　　　D. 可使鸡肉丝保持水分

（4）鸡肉丝滑油时的油温是（　　）。

A. 三、四成热　　　　B. 二、三成热　　　　C. 四、五成热　　　　D. 五、六成热

（5）以下关于绿豆芽过油说法不正确的是（　　）。

A. 可使绿豆芽更油亮　　B. 可锁住绿豆芽水分　　C. 减少绿豆芽烹制时间　　D. 减少绿豆芽水分

二、思考题

（1）鸡肉丝上浆时为什么需要放蛋清？

（2）滑炒时的油温需控制在多少为宜？

（3）熬芡汁时需要注意什么？

子任务 7　主题活动

今天我们学习了制作银芽鸡丝的方法，请根据子任务中的主题活动，将这美好的过程记录下来，同时也可以把制作的菜品拍成照片粘贴在空白处。

你的主题活动过程精彩吗？
可以记录下你的感受哦！

粘贴照片处

知识拓展

一、原料知识

绿豆芽，即绿豆的芽，为豆科植物绿豆的种子经浸泡后发出的嫩芽。食用部分主要是下胚轴。绿豆在发芽过程中，维生素 C 含量增加，而且部分蛋白质也会分解为各种人所需的氨基酸，可达到绿豆原含量的七倍。所以绿豆芽的营养价值比绿豆更大。

二、营养知识

绿豆芽有很高的药用价值，中医认为，绿豆芽性凉、味甘，不仅可清暑热、通经脉、解诸毒，还可补肾、利尿、消肿、滋阴壮阳，调五脏、美肌肤、利湿热，降血脂和软化血管。

三、养生知识

我国栽培制作绿豆芽已有近千年的历史。《本草纲目》说它解酒毒热毒，利三焦。清代名医王孟英的《随息居饮食谱》说它生研绞汁服，解一切草木金石诸药、牛马肉毒，急火煎汤冷饮亦可。

酥炸鸡排

→ 任务目标

（1）能掌握鸡肉种类、产地信息、生长条件、营养知识，能合理搭配，能独立在案台或者荷台工作中运用合适技法处理原料。

（2）通过观摩教师示范与参与，掌握鸡胸肉改刀技法和裹糊、裹粉、炸制等技术规范。

（3）能够按照行业岗位规范流程独立完成酥炸鸡排，并完成菜肴的装盘。

→ 任务导入

一、菜品介绍

酥炸鸡排，是一种很流行的油炸类食品，香味可谓是十里飘香。它呈米白色或金黄色，是上有面包糠的小面团，里是鸡胸肉片成的肉片，须用面糊将鸡胸肉片与面包糠相互结合，再经过"拍"，或者"锤"，变成"排"似的鸡胸肉，经过过油炸制，辅以作料等，便成了外焦里嫩、香味可口的酥炸鸡排。

二、课程思政

本任务的主料是鸡胸肉。但养殖肉鸡也是需要创新的思维、长年的专注研究和付出的。

40年前，辞掉"铁饭碗"的傅光明，拿下了一个"第一"：创办了福建省第一家私营企业，营业执照编号"0001"。2021年，傅光明又拿下了一个"第一"：他所掌舵的圣农自主培育成功的"圣泽901"，正式通过农业农村部审定，成为我国首批自主培育的白羽肉鸡品种，获可正式对外销售种源鸡的审查牌照，意味着中国人"吃鸡"再也不用担心被国外"卡脖子"。

子任务 1 自主学习

（1）查阅资料，了解鸡胸肉的原料知识，从种类、选择整理、加工及保存方式等方面进行调研并做好笔记。

Note

（2）观看口袋视频，了解制作步骤，并回答以下问题。

①鸡胸肉腌制时需要注意什么？

②制作全蛋糊时需要注意什么？

口袋视频

子任务 2　小组拼图

（1）我们采用小组拼图的方式开始今天的自主学习吧。你加入了哪个小组呢？请根据分组情况填写下面的表格吧！

序号	组别	组员	任务	任务小结
1	食神组		理顺酥炸鸡排的制作流程	
2	文化组		调查鸡养殖的历史、文化，鸡胸肉的食用方式等	
3	口诀组		制定酥炸鸡排的制作口诀	
4	外联组		讨论制定本课程的主题活动	

（2）外联组公布了本课程的主题活动，请将本次的主题活动记录下来吧！

子任务 3　小师傅小试牛刀探工序

（1）填写酥炸鸡排的制作表。

128

— 制作表 —

学生姓名		菜肴名称	原料名称、产地		用量/g	单价	单项成本
制作班级	英文菜名	授课教师	制作教师	制作时间	制作地点		
		手绘稿	主料				
			辅料				
			调料				
			燃料				
			成本总额			预计毛利率	

每斤							
每位		色	香	味	形	烹饪时耗	合计时耗
每例							
每份							
建议售价		菜肴特点	烹饪方法	盛装器皿	售卖单位	预计时耗	切配时耗

制作方法

1.

2.

3.

4.

5.

6.

7.

营养成分

饮食禁忌

（2）试做酥炸鸡排，记录自己的试做体验，并反馈遇到的难点。

（3）自我评价。

项　目　　　　分　数　　指　标	标准时间/分	选料投料准确	配料合理	刀工处理正确	糊浆使用得当	火候适当	口味适中	色泽恰当	汤汁适宜	操作规范	节约卫生	合计
标准分（百分制）												
扣分												
实得分												

子任务 4　行家出手习诀窍

一、操作概述

（1）初加工：鸡胸肉洗净改刀，片成鸡排；鸡排正反面切浅口；生姜切片，小葱打结备用。

（2）腌制、裹糊：鸡排调味抓揉均匀上浆，下姜片、葱结腌制 15 分钟后，制全蛋糊裹糊。

（3）裹粉、调味：鸡排正反面裹上面包糠，拍紧实抖掉多余的面包糠；调调味汁。

（4）炸制：四、五成热油温下鸡排呑炸，炸至金黄后捞出控油，切成 10 cm 的条，与味汁一同放置装盘即可。

二、原料

主料：鸡胸肉。

辅料：鸡蛋、面包糠。

调料：盐、白糖、味精、生抽、醋、料酒、生姜、蒜头、小葱、淀粉、香油等。

三、初加工

❶鸡胸肉洗净改刀，片成约 1 cm 厚的鸡排。

❷在鸡排正反面切浅口，方便入味。

❸❹生姜切片、小葱打结备用。

四、腌制、裹糊

❺❻鸡排中下姜片、葱结，下盐、味精、料酒腌制，抓揉均匀腌制 15 分钟左右。

❼❽拣出姜片、葱结，制全蛋糊裹糊。

五、裹粉、调味

❾❿将鸡排正反两面粘上面包糠，用手拍紧实，拿起鸡排抖掉多余的面包糠。

⓭切蒜末，下醋、生抽、香油等调成调味汁。

六、炸制

⓫⓬油烧至四、五成热，下鸡排小火吞炸，炸至金黄后捞出。

七、装盘

⓮将鸡排切成宽约 10 cm 左右的条，方便夹取。

⓯装盘后稍加整理，添加盘饰。

⓰将调味汁放置盘中合适位置即可。

八、操作重难点

（1）鸡排需切浅口，目的是使腌制更易入味。

（2）炸鸡排的油温不能太高。

（3）色泽金黄。

九、行家出手就是不一样，与你的同伴一起总结酥炸鸡排的制作口诀

子任务 5　厨王争霸显本领

（1）观看了教师的示范操作，你一定心领神会了，来吧，与同学们比一比，看看今天谁是厨王！

（2）第二次制作酥炸鸡排，你一定有了长足的进步！请记录你的感受。

子任务 6　温故而知新

扫码看答案

一、选择题

（1）鸡胸肉改刀成鸡排的标准是厚（　　）。

A. 4 cm　　　　　　　　B. 3 cm　　　　　　　　C. 2 cm　　　　　　　　D. 1 cm

（2）鸡排正反切浅口的目的是（　　）。

A. 使肉质更嫩　　　　B. 使肉质更酥脆　　　　C. 方便入味　　　　D. 以上都不对

（3）鸡排腌制的时间是（　　）左右。

A. 5 分钟　　　　　　B. 10 分钟　　　　　　C. 15 分钟　　　　　　D. 20 分钟

（4）关于制全蛋糊裹糊作用的说法不正确的是（　　）。

A. 使鸡排更酥脆　　　B. 保持鸡排水分　　　C. 去鸡排异味　　　D. 使鸡排肉质更嫩

（5）炸至鸡排的油温是（　　）。

A. 二、三成热　　　　B. 三、四成热　　　　C. 五、六成热　　　　D. 四、五成热

二、思考题

（1）鸡排切浅口的目的是什么？

（2）炸鸡排的油温是多少？

（3）鸡排需要炸制到什么程度适宜?

子任务 7 **主题活动**

今天我们学习了制作酥炸鸡排的方法，请根据子任务中的主题活动，将这美好的过程记录下来，同时也可以把制作的菜品拍成照片粘贴在空白处。

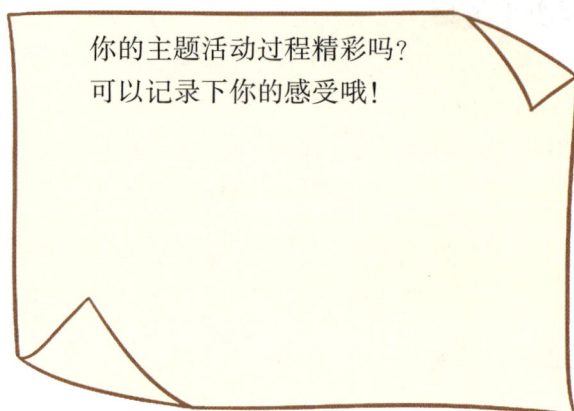

你的主题活动过程精彩吗?
可以记录下你的感受哦!

粘贴照片处

知识拓展

一、原料知识

鸡胸肉，是鸡身上最大的两块肉，是在胸部里侧的肉，形状像斗笠。肉质细嫩，滋味鲜美，营养丰富，能滋补养身。

二、营养知识

鸡胸肉蛋白质含量较高，且易被人体吸收和利用，有增强体力、强壮身体的作用。鸡胸肉所含的对人体生长发育有重要作用的磷脂类成分，是中国人膳食结构中脂肪和磷脂的重要来源之一。

三、养生知识

中医认为，鸡肉有温中益气、补虚填精、健脾胃、活血脉、强筋骨的功效。鸡肉对营养不良、畏寒怕冷、乏力疲劳、月经不调、贫血、虚弱等有很好的食疗作用。

Note

模块四

水产类菜肴制作

导入

　　中国是世界上水产养殖发展较早的国家之一，其历史可追溯到 3000 多年前的殷代。中国具备优良的自然条件和辽阔的水域，在长期的生产实践中，人们创造并积累了丰富的水产养殖经验和完整的养殖技术。其中鱼类含有优质的蛋白质、维生素；虾类是含钙量比较高的食物，可以通过炸制和水煮来食用，补充体内所需的钙，促进少儿身体发育，其还有强壮体格的效果。本模块以红烧鱼块、滑炒鱼丁、葱烧武昌鱼、双黄鱼片、干烧剥皮鱼、煎烹鲗鱼、粉蒸鲥鱼、椒盐基围虾八种菜肴为例对水产类热菜的制作进行讲解。

红烧鱼块

任务目标

（1）能掌握鱼种类、产地信息、生长条件、营养知识，能合理搭配，能独立在案台或者荷台工作中运用合适技法处理原料。

（2）通过观摩教师示范与参与，掌握鱼的宰杀、剁块技巧，火候的掌握、佐水、调味、勾芡及装盘等技术规范。

（3）能够按照行业岗位规范流程独立完成红烧鱼块，并完成菜肴的装盘。

任务导入

一、菜品介绍

鱼不仅味道鲜美，而且营养价值高，其蛋白质含量为猪肉的 2 倍，且属于优质蛋白，人体吸收率高。红烧鱼块是一道老百姓饭桌上的家常菜，一般以草鱼为原料制作，佐酱油烹饪，鲜香味美。

二、课程思政

本任务学习了红烧鱼块的做法。

一条三四斤重的鱼，从鱼嘴下刀，将骨刺与肉身分离，然后折断鱼尾，最后将鱼刺和内脏完美抽离。为验证鱼身不破，徐讯向鱼体内灌水。一瓶矿泉水"下肚"，这只鱼鼓起肚子，却丝毫不漏。

之所以练这些绝技，徐讯是想借助它们推广徽菜。因为他有另一重身份：中国徽菜传承者。"别人能做到，为什么我做不到？"每当看到别的厨师厨艺精湛，徐讯深受刺激。从此，徐讯不断磨砺厨技，还获评国家高级技师。

子任务 1 自主学习

（1）查阅资料，了解草鱼的原料知识，从种类、选择整理、加工及保存方式等方面进行调研并做好笔记。

Note

（2）观看口袋视频，了解制作步骤，并回答以下问题。

①炒糖色的制作要领是什么？

②鱼肉焯水时为什么不能直接烧开？

子任务 2　小组拼图

（1）我们采用小组拼图的方式开始今天的自主学习吧。你加入了哪个小组呢？请根据分组情况填写下面的表格吧！

序号	组别	组员	任务	任务小结
1	食神组		理顺红烧鱼块的制作流程	
2	文化组		调查鱼养殖的历史、文化，鱼肉食用方式等	
3	口诀组		制定红烧鱼块的制作口诀	
4	外联组		讨论制定本课程的主题活动	

（2）外联组公布了本课程的主题活动，请将本次的主题活动记录下来吧！

子任务 3　小师傅小试牛刀探工序

（1）填写红烧鱼块的制作表。

制作表

学生姓名		制作班级		授课教师		制作时间		制作地点	
菜肴名称		英文菜名							

手绘稿

	原料名称、产地	用量/g	单价	单项成本
主料				
辅料				
调料				
燃料				
成本总额				

预计毛利率

每斤									
每位		色	香	味	形	烹饪时耗	合计时耗		
每例									
每份									
建议售价		菜肴特点	烹饪方法	盛装器皿	售卖单位	预计时耗	切配时耗		
制作方法	1.	2.	3.	4.	5.	6.	7.	营养成分	饮食禁忌

（2）试做红烧鱼块，记录自己的试做体验，并反馈遇到的难点。

（3）自我评价。

项目 \ 指标 \ 分数	标准时间/分	选料投料准确	配料合理	刀工处理正确	糊浆使用得当	火候适当	口味适中	色泽恰当	汤汁适宜	操作规范	节约卫生	合计
标准分（百分制）												
扣分												
实得分												

子任务 4　行家出手习诀窍

一、操作概述

（1）刀工：活草鱼一般先刮鳞、剜腮、剖腹，再除内脏、刮黑膜，然后洗净，可分档取料，将鱼分成硬边与软边，剁块制茸均可，这是湖北烹饪者加工鱼肴的基础。

（2）红烧：将原料炸、煎、煸、焯等预熟加工后，入锅加水再经煮沸、焖熟、熬浓卤汁三阶段，使菜品软、烂、香醇而至成熟的这一过程。烧法是中国烹饪热加工极为重要的方法之一。湖北的红烧菜，先要控去食材部分水汽，使菜肴有"锅气"；在火候上采用先大火烧开，再中小火入味，旺火收芡；收芡中讲究分次加油，多次收芡，以达到油包芡、芡包油的效果。

二、原料

主料：草鱼。

调料：盐、白糖、味精、料酒、胡椒粉、生抽、老抽、蚝油、醋、生姜、小葱等。

三、初加工

❶草鱼洗净去鱼鳞。

❷从鱼腹鳍处剪开鱼腹，剪断内脏与鱼腹的连接，去掉内脏，从鱼身至腹鳍处下刀，沿脊骨片下鱼肉。

❸改刀成约 3 cm 宽的鱼块。

❻❼切姜片、切葱段。

四、腌制

❹鱼肉中下盐、味精、料酒。

❺生姜切片，与小葱打结一起放入鱼肉，拌匀腌制 20 分钟。

❿将鱼块中的姜片、葱结拣出。

五、雕刻

❽将葱段从两端向中央纵向切成均等的八份。

❾制成葱球泡入清水中备用。

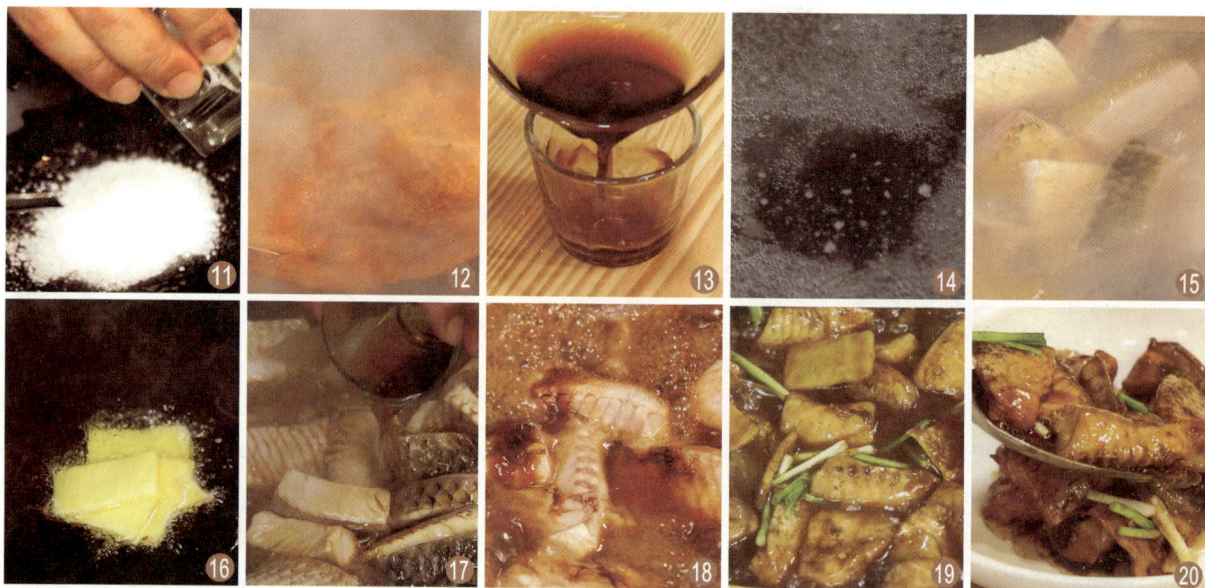

六、制炒糖色

⓫下少量油，下白糖小火炒制。

⓬在小泡将至、大泡将起时加入清水，不停搅拌。

⓭将糖水沥渣备用。

七、焯水

⓮⓯烧水，在水未沸腾起小泡时下鱼块焯水。在水沸腾前捞出鱼块。

八、烧制

⓰下底油，下姜片爆香。

⓱下鱼块、生抽，炒糖色，给水烧制。

⓲下老抽、蚝油、白糖、味精，沿锅边下醋。

⓳大火收汁，下胡椒粉、葱段后起锅。

九、装盘

❷⓪装盘后撒上葱球即可。

十、操作重难点

（1）熬糖时应在小泡将至、大泡将起之时迅速给水。

（2）烧制时不要用炒勺翻炒以免破坏鱼肉。

十一、行家出手就是不一样，与你的同伴一起总结红烧鱼块的制作口诀

子任务 5　厨王争霸显本领

（1）观看了教师的示范操作，你一定心领神会了，来吧，与同学们比一比，看看今天谁是厨王！

（2）第二次制作红烧鱼块，你一定有了长足的进步！请记录你的感受。

子任务 6　温故而知新

扫码看答案

一、选择题

（1）中国的"四大家鱼"包括草鱼、鲢鱼、鳙鱼和（　　）。

A. 鳊鱼　　　　　　　　B. 青鱼　　　　　　　　C. 喜头鱼　　　　　　　　D. 鲤鱼

（2）"红烧鱼块"一般选用（　　）来制作。

A. 武昌鱼　　　　　　　B. 胖头鱼　　　　　　　C. 鲶鱼　　　　　　　　D. 草鱼

（3）（　　）在外形上与草鱼最相似。

A. 财鱼　　　　　　　　B. 胖头鱼　　　　　　　C. 鲤鱼　　　　　　　　D. 青鱼

（4）红烧划水指的是以（　　）作为主料的菜肴。

A. 鱼头　　　　　　　　B. 鱼骨　　　　　　　　C. 鱼翅　　　　　　　　D. 鱼尾

（5）（　　）就是将切配的烹饪原料，经过炸、煎、蒸、炒、煮、焯水等方法处理后，放入调制好的有色调味汁中，旺火烧开，中小火加热至烧透入味，勾芡或不勾芡，旺火收汁成菜的一种烹调方法。

A. 红烧　　　　　　　　B. 白烧　　　　　　　　C. 干煸　　　　　　　　D. 炖

二、思考题

（1）熬糖给水的时机是什么时候？

（2）鱼肉腌制的时候需要注意什么？

（3）烧制鱼块时需要注意什么？

子任务 7　主题活动

今天我们学习了制作红烧鱼块的方法，请根据子任务中的主题活动，将这美好的过程记录下来，同时也可以把制作的菜品拍成照片粘贴在空白处。

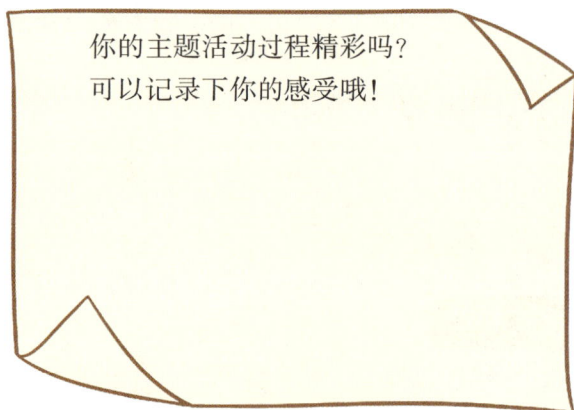

你的主题活动过程精彩吗？
可以记录下你的感受哦！

粘贴照片处

知识拓展

一、原料知识

草鱼，鲤形目鲤科鱼类，又称为鲩、草棍等，为我国四大淡水养殖鱼类之一，以9—10月所产最佳。草鱼身体呈圆筒形，青黄色，头宽平，无须，背鳍无硬刺。一般重 $1 \sim 2.5$ kg，最重可达 35 kg 以上。草鱼肉厚色白，质地细嫩，富有弹性，少刺味鲜美。草鱼适于各种加工方法，可整用或加工成片、块、条、茸等，其代表菜式有清蒸鲩鱼、瓦块草鱼、酸菜草鱼等。

二、营养知识

草鱼是淡水鱼中的常见品种，含有丰富的蛋白质、脂肪，还含有核酸和锌。每 100 g 草鱼肉含水分 77.3 g，蛋白质 17.9 g，脂肪 2.6 g，钙 17 mg，磷 152 mg，铁 1.3 mg，以及少量的维生素B1、维生素 B2，可供热量 110 kcal。对于身体瘦弱、食欲不振的人来说，草鱼是滋补佳品。

三、养生知识

草鱼以肥大而色白者为佳，性甘、温，归脾、胃经。《本草纲目》谓："鲩鱼，其形长圆，肉厚而松。状类青鱼。有青鲩、白鲩二色，白者味胜。" 草鱼为温中补虚养生食品。日常食之可温暖脾胃、补益五脏。适宜胃寒体质、久病虚弱以及无病强身者食用。常见养生菜品有西湖醋鱼、鱼圆汤等。

滑炒鱼丁

→ 任务目标

（1）能掌握鱼种类、产地信息、生长条件、营养知识，能合理搭配，能独立在案台或者荷台工作中运用合适技法处理原料。

（2）通过观摩教师示范与参与，掌握鱼的宰杀、切丁、腌制上浆技巧，火候的掌握、滑炒、勾芡及装盘等技术规范。

（3）能够按照行业岗位规范流程独立完成滑炒鱼丁，并完成菜肴的装盘。

→ 任务导入

一、菜品介绍

滑炒鱼丁是指鱼肉经去骨去皮、切丁腌制后滑炒而成，鱼肉雪白，肉质嫩滑爽口，搭配青豆和胡萝卜丁颜色更显丰富。鱼肉富含蛋白质和多种微量元素，搭配的蔬菜富含维生素、花青素、β–胡萝卜素。滑炒鱼丁是一道鲜香味美、营养丰富的家常好菜。

二、课程思政

古人对鱼肉情有独钟，其中不乏大诗人、大文豪，如蜀人苏轼，宋代大学士。

据《黄州府志》载，苏东坡谪居黄州时，常乘船到对江鄂城，荡舟樊口江段，钓鱼野炊，自得其乐，并写下诗一首：

"晓日照江水，游鱼似长瓶。谁言解缩项，食饵每遭烹。杜老当年意，临流忆孟生。吾今又悲子，辍筋涕纵横。"

子任务 1　自主学习

（1）查阅资料，了解草鱼的原料知识，从种类、选择整理、加工及保存方式等方面进行调研并做好笔记。

（2）观看口袋视频，了解制作步骤，并回答以下问题。

①草鱼片鱼肉的操作要领是什么？

②鱼肉上浆前，为什么要吸干水分？

子任务 2　小组拼图

（1）我们采用小组拼图的方式开始今天的自主学习吧。你加入了哪个小组呢？请根据分组情况填写下面的表格吧！

序号	组别	组员	任务	任务小结
1	食神组		理顺滑炒鱼丁的制作流程	
2	文化组		调查草鱼养殖的历史、文化，草鱼的食用方式等	
3	口诀组		制定滑炒鱼丁的制作口诀	
4	外联组		讨论制定本课程的主题活动	

（2）外联组公布了本课程的主题活动，请将本次的主题活动记录下来吧！

子任务 3　小师傅小试牛刀探工序

（1）填写滑炒鱼丁的制作表。

口袋视频

— 制作表 —

学生姓名		制作班级		授课教师		制作时间		制作地点		
菜肴名称		英文菜名								
手绘稿										

	原料名称、产地	用量/g	单价	单项成本
主料				
辅料				
调料				
燃料				
成本总额				预计毛利率

		色	香	味	形	烹饪时耗	合计时耗
每斤							
每位							
每例							
每份							
建议售价	菜肴特点	烹饪方法	盛装器皿	售卖单位	预计时耗	切配时耗	

制作方法							
1.							
2.							
3.							
4.							
5.							
6.							
7.							

营养成分			饮食禁忌	

（2）试做滑炒鱼丁，记录自己的试做体验，并反馈遇到的难点。

（3）自我评价。

项目 ＼ 分数 ＼ 指标	标准时间/分	选料投料准确	配料合理	刀工处理正确	糊浆使用得当	火候适当	口味适中	色泽恰当	汤汁适宜	操作规范	节约卫生	合计
标准分（百分制）												
扣分												
实得分												

子任务 4　行家出手习诀窍

一、操作概述

（1）初加工：草鱼洗净去鳞，剪开鱼腹去掉内脏，片下鱼肉，去刺去皮，改刀成鱼丁，用清水浸泡；胡萝卜切丁、生姜切象眼片；葱白切段；鱼丁沥干水分，用厨房纸吸干水分。

（2）上浆：鱼丁调味后抓匀，加适量清水继续抓揉上劲，下蛋清、淀粉抓揉上浆。

（3）焯水：水烧开，调味，下胡萝卜丁、青豆、玉米粒焯水。

（4）滑油、炒制：底油温下鱼丁滑炒后备用；下底油，炒香姜片，下鱼丁等原料，调味后下葱白段，淋香油翻炒均匀出锅装盘。

二、原料

主料：草鱼。

辅料：胡萝卜、青豆、玉米粒、鸡蛋。

调料：盐、味精、香油、葱白、生姜、淀粉等。

三、初加工

❶草鱼洗净去鳞。从鱼腹鳍处剪开鱼腹，剪断内脏与鱼腹的连接，去掉内脏。从鱼身至腹鳍处下刀，沿脊骨片下鱼肉。

❷刀成 45° 角，片下大刺。

❸从三分之一处切至鱼皮，沿鱼皮片下鱼肉。

❹❺❻再将鱼肉改刀成 12 mm 见方鱼丁，用清水浸泡。

❼胡萝卜切 1 cm 见方的丁。

❽生姜切象眼片。

❾葱白切小段。

❿沥干鱼丁，再用厨房纸吸干鱼丁剩余水分。

四、上浆

⓫⓬鱼丁中下盐、味精抓揉均匀，标准为鱼丁能吸附碗底。

⓭加适量水继续抓揉上劲。

⓮下蛋清、淀粉抓揉上浆。

五、焯水

⓯烧水，下盐、味精、清油，煮沸后下胡萝卜丁、青豆、玉米粒焯水。

六、滑油

⓰油温一成，下鱼丁滑炒后捞出沥油备用。

七、炒制

⓱下底油，下姜片爆香。

⓲下鱼丁、青豆、胡萝卜丁、玉米粒。

⓳下盐、味精、葱白段翻炒，淋香油翻炒均匀出锅。

八、装盘

⓴事先做好盘头，将鱼丁盛入器皿即可。

九、操作重难点

（1）鱼丁上浆时需抓揉均匀。

（2）青豆、玉米粒、胡萝卜丁焯水是为了缩短炒制时间。

十、行家出手就是不一样，与你的同伴一起总结滑炒鱼丁的制作口诀

子任务 5　厨王争霸显本领

（1）观看了教师的示范操作，你一定心领神会了，来吧，与同学们比一比，看看今天谁是厨王！

（2）第二次制作滑炒鱼丁，你一定有了长足的进步！请记录你的感受。

子任务 6　温故而知新

扫码看答案

一、选择题

（1）一般鱼丁需要改刀成（　　）。

A. 10 mm 见方　　　　　B. 12 mm 见方　　　　　C. 15 mm 见方　　　　　D. 20 mm 见方

（2）"滑炒鱼丁"一般选用（　　）来制作。

A. 武昌鱼　　　　　B. 胖头鱼　　　　　C. 鲶鱼　　　　　D. 草鱼

（3）滑炒鱼丁中，生姜需要切成（　　）。

A. 菱形片　　　　　B. 姜丝　　　　　C. 象眼片　　　　　D. 以上都不对

（4）鱼丁上浆是以（　　）为标准。

A. 吸附碗底　　　　　B. 留有一定水分　　　　　C. 不吸附碗底　　　　　D. 以上都不对

（5）滑炒鱼丁时的油温是（　　）。

A. 一成热　　　　　B. 二成热　　　　　C. 三成热　　　　　D. 四成热

二、思考题

（1）鱼丁上浆的标准是什么？

（2）焯水的目的是什么？

（3）你还有更有创意的摆盘方式吗？

子任务 7　主题活动

今天我们学习了制作滑炒鱼丁的方法，请根据子任务中的主题活动，将这美好的过程记录下来，同时也可以把制作的菜品拍成照片粘贴在空白处。

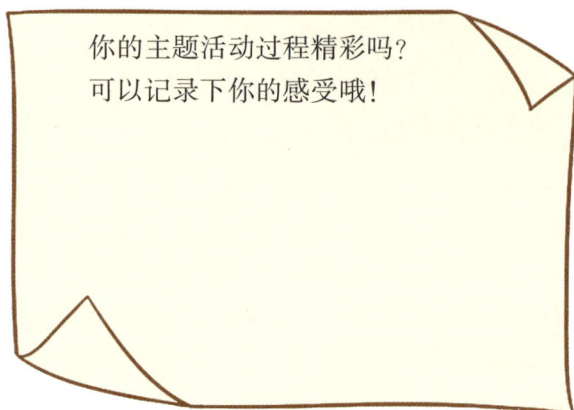

你的主题活动过程精彩吗？
可以记录下你的感受哦！

粘贴照片处

知识拓展

一、原料知识

青豆是豆科大豆属一年生草本植物。青豆茎粗壮，有灰色长硬毛；叶为披针形，顶部小叶为菱状卵形，叶两面均有白色长柔毛；花白色或淡紫色；荚果为长圆形，略弯，黄绿色；花果期 6 月。青豆也称青大豆，因果实颜色为青绿色而得名。

二、营养知识

青豆富含不饱和脂肪酸和大豆磷脂，有保持血管弹性、健脑和防止脂肪肝形成的作用；青豆中富含皂角苷、蛋白酶抑制剂、异黄酮、钼、硒等抗癌成分，有助于抑制前列腺癌、皮肤癌、肠癌、食管癌等。

青豆除了含有蛋白质和纤维，也是人体摄取维生素 A、维生素 C 和维生素 K，以及 B 族维生素的主要来源食物之一。青豆还能提供少量钙、磷、钾、铁、锌、硫胺素和核黄素。

三、养生知识

研究表明，青豆中不仅富含多种抗氧化成分，还能消除炎症。青豆可以为人体提供儿茶素以及表儿茶素两种类黄酮抗氧化剂。这两种物质不仅能够有效去除体内的自由基，预防由自由基引起的疾病，延缓身体衰老速度，还有消炎、广谱抗菌的作用。青豆中含有两种类胡萝卜素：α – 胡萝卜素和 β – 胡萝卜素。2010 年，美国疾控中心根据一项长达 14 年的跟踪研究发现，血液中 α – 胡萝卜素的含量越高，个体的寿命越长。β – 胡萝卜素也是一种抗氧化剂，具有解毒作用，能够降低患心脏病及癌症的风险。

葱烧武昌鱼

任务目标

（1）能掌握武昌鱼种类、产地信息、生长条件、营养知识，能合理搭配，能独立在案台或者荷台工作中运用合适技法处理原料。

（2）通过观摩教师示范与参与，掌握武昌鱼的宰杀技巧，火候的掌握、煎制、烧制、装盘等技术规范。

（3）能够按照行业岗位规范流程独立完成葱烧武昌鱼，并完成菜肴的装盘。

任务导入

一、菜品介绍

武昌鱼的原产地不是现今的武昌，而是现在的鄂州市，在三国时称"武昌"。据史书记载，孙权巡游湖北鄂城时，发现城南几十里许有座小山，名叫武昌山，以武为昌，正合以兵戎起家的孙权心意，即将鄂城改为武昌，同时他还发现这里有一种滋味特美的鳊鱼，遂命名为"武昌鱼"。孙权定都武昌后，尽情享受武昌鱼，并用来赏赐功臣。在我国悠久灿烂的鱼文化史上，武昌鱼以其优美的体形、甘醇的味道、丰富的营养以及灿烂的文化名扬四海。

二、课程思政

才饮长沙水，又食武昌鱼。万里长江横渡，极目楚天舒。不管风吹浪打，胜似闲庭信步，今日得宽馀。子在川上曰：逝者如斯夫！

风樯动，龟蛇静，起宏图。一桥飞架南北，天堑变通途。更立西江石壁，截断巫山云雨，高峡出平湖。神女应无恙，当惊世界殊。

一曲《水调歌头·游泳》，虽无旌旗猎猎，但著大气磅礴，传唱近70年，仍在国民心中浩荡。

这首词的背后有着一段意味深长的逸事，1956年的6月，毛主席在武汉两渡长江，一日他正在专列上休息，厨师为他烧了一盘武昌鱼，虽然这鱼自长沙运到武汉，已非刚刚捕捞上来，但经厨师的妙手，仍然十分鲜美。中午吃完武昌鱼后，毛主席就欣然命笔，在餐车上写下了《水调歌头·长江》（原题），开首就是"才饮长沙水，又食武昌鱼"。毛主席写完后，拿着原稿不找别人，而是去找烧武昌鱼的"大师傅"，并把这手稿送给了他，以感谢他的劳动。

子任务 1　自主学习

（1）查阅资料，了解武昌鱼的原料知识，从种类、选择整理、加工及保存方式等方面进行调研并做好笔记。

（2）观看口袋视频，了解制作步骤，并回答以下问题。

①武昌鱼的宰杀操作要领是什么？

②煎制武昌鱼时应注意什么？

口袋视频

子任务 2　小组拼图

（1）我们采用小组拼图的方式开始今天的自主学习吧。你加入了哪个小组呢？请根据分组情况填写下面的表格吧！

序号	组别	组员	任务	任务小结
1	食神组		理顺葱烧武昌鱼的制作流程	
2	文化组		调查武昌鱼养殖的历史、文化，武昌鱼的食用方式等	
3	口诀组		制定葱烧武昌鱼的制作口诀	
4	外联组		讨论制定本课程的主题活动	

（2）外联组公布了本课程的主题活动，请将本次的主题活动记录下来吧！

子任务 3　小师傅小试牛刀探工序

（1）填写葱烧武昌鱼的制作表。

Note

— 制作表 —

学生姓名	制作班级		授课教师		制作时间		制作地点		
菜肴名称	英文菜名			原料名称、产地		用量/g	单价	单顶成本	
手绘稿		主料							
		辅料							预计毛利率
		调料							
		燃料							
		成本总额							

每斤								
每位		色	香	味	形	烹饪时耗	合计时耗	
每例								
每份								
建议售价		菜肴特点	烹饪方法	盛装器皿	售卖单位	预计时耗	切配时耗	
制作方法							营养成分	饮食禁忌
	1.	2.	3.	4.	5.	6.	7.	

（2）试做葱烧武昌鱼，记录自己的试做体验，并反馈遇到的难点。

（3）自我评价。

指标 分数 项目	标准 时间 /分	选料 投料 准确	配料 合理	刀工 处理 正确	糊浆 使用 得当	火候 适当	口味 适中	色泽 恰当	汤汁 适宜	操作 规范	节约 卫生	合计
标准分（百分制）												
扣分												
实得分												

子任务 4　行家出手习诀窍

一、操作概述

（1）初加工：武昌鱼洗净，切口放血；去鱼鳞、内脏，两侧打花刀；鱼身用盐和料酒等，加生姜、小葱结腌制；生姜切厚片、小葱切末备用。

（2）煎制：吸干鱼身鱼腹的水分，滑锅后下武昌鱼，不断变换锅受热位置使之受热均匀，两面煎制成金黄色后起锅沥油备用。

（3）烧制：下底油，下姜片爆香；下豆瓣酱，炒出红油，加清水煮沸后沥渣；汤汁重新入锅，下武昌鱼调味，烧制5分钟后起锅装盘。

（4）装盘：锅内汤汁内下陈醋、葱花、香油，炒匀后将汤汁淋在武昌鱼表面。

二、原料

主料：武昌鱼。

辅料：小葱。

调料：盐、白糖、味精、胡椒粉、蚝油、料酒、老抽、陈醋、生姜、香油、豆瓣酱等。

三、初加工

❶武昌鱼洗净，刀从鱼鳃至鱼头主骨处切口放血。

❷去鱼鳞、鱼鳃后，沿尾鳍至鱼鳃方向划开鱼腹，去除内脏。

❸武昌鱼两侧打花刀，斜向切，不要过中线。

❹❺将盐、味精、料酒均匀抹在武昌鱼内外。

❻生姜切皮，小葱打结置于鱼腹及鱼身腌制30分钟。

❼生姜切厚片，小葱切末。

四、煎制

❽用厨房纸吸干鱼身鱼腹的水分。

Note

❾❿滑锅后，下底油煎制武昌鱼。适时变换锅受热位置，使武昌鱼各部位均煎制到位。适时翻锅煎制武昌鱼另一面。待两面煎制成金黄色后起锅沥油备用。

五、烧制

⓫锅洗净，下底油、姜片爆香。

⓬⓭下豆瓣酱，炒出红油，加清水煮沸。

⓮起锅沥渣。

⓯将汤汁重新入锅后，下煎制好的武昌鱼。

⓰依次下白糖、味精、料酒、老抽、蚝油、陈醋、胡椒粉调味。

⓱烧制5分钟后，武昌鱼起锅装盘。

六、装盘

⓲⓳下陈醋、撒葱花、淋香油后，将汤汁淋在武昌鱼表面即可。

七、操作重难点

（1）武昌鱼加工前需放血，保持鱼肉鲜嫩有弹性。

（2）去内脏时不要划破鱼胆。

（3）注意烧制时火候的把握。

八、行家出手就是不一样，与你的同伴一起总结葱烧武昌鱼的制作口诀

子任务 5　厨王争霸显本领

（1）观看了教师的示范操作，你一定心领神会了，来吧，与同学们比一比，看看今天谁是厨王！

（2）第二次制作葱烧武昌鱼，你一定有了长足的进步！请记录你的感受。

子任务 6　温故而知新

一、选择题

（1）武昌鱼盛产于如今的湖北（　　）。

A. 武昌　　　　　　　B. 鄂州　　　　　　　C. 宜昌　　　　　　　D. 荆州

（2）武昌鱼与其他鳊鱼的区别是（　　）。

A. 头更扁　　　　　　B. 尾鳍更大　　　　　C. 有胡须　　　　　　D. 有十三根半鱼刺

（3）武昌鱼两侧打花刀，需要（　　）。

A. 斜向切　　　　　　B. 垂直切　　　　　　C. 反向切　　　　　　D. 正向切

（4）武昌鱼腌制时间为（　　）。

A. 10 分钟　　　　　　B. 20 分钟　　　　　C. 30 分钟　　　　　D. 40 分钟

（5）烧制武昌鱼的时间是（　　）。

A. 2 分钟　　　　　　B. 5 分钟　　　　　　C. 10 分钟　　　　　D. 20 分钟

二、思考题

（1）怎么区别武昌鱼和其他鳊鱼？

扫码看答案

Note

（2）武昌鱼加工前为什么要放血？

（3）去武昌鱼内脏时需注意什么？

子任务 7　主题活动

今天我们学习了制作葱烧武昌鱼的方法，请根据子任务中的主题活动，将这美好的过程记录下来，同时也可以把制作的菜品拍成照片粘贴在空白处。

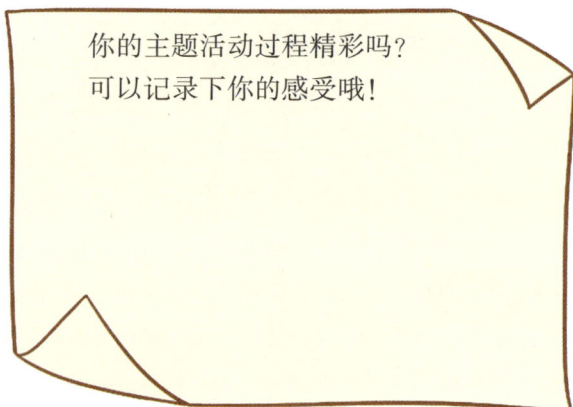

你的主题活动过程精彩吗？
可以记录下你的感受哦！

粘贴照片处

知识拓展

一、原料知识

武昌鱼是鲤形目鲤科鲂属鱼类，又名团头鲂、缩项鳊。体侧扁，呈菱形；背部隆起明显，头小、口小，鳞片中等大小，臀鳍较长，尾柄短，尾鳍分叉深。武昌鱼与其他鳊鱼的区别：武昌鱼有 13 根半鱼刺，其他鳊鱼有 13 根鱼刺。

二、营养知识

蛋白质是构成生物体的主要成分，武昌鱼鱼肉中的蛋白质含量约为 17%，属于优质蛋白。鱼肉肌纤维较短，组织结构松软，消化吸收利用率高。鱼皮、鱼鳞中含有丰富的胶原蛋白，具有独特的生理功能。

三、养生知识

武昌鱼性温、味甘，具有补虚、益脾、养血、祛风、健胃之功效，还有调治脏腑、开胃健脾、增进食欲之功效，经常食用可预防贫血、低血糖、高血压和动脉血管硬化等疾病。

双黄鱼片

任务目标

（1）能掌握草鱼、冬笋种类、产地信息、生长条件、营养知识，能合理搭配，能独立在案台或者荷台工作中运用合适技法处理原料。

（2）通过观摩教师示范与参与，掌握草鱼的宰杀技巧，火候的掌握、上浆腌制、炸制、炒制及装盘等技术规范。

（3）能够按照行业岗位规范流程独立完成双黄鱼片，并完成菜肴的装盘。

任务导入

一、菜品介绍

"双黄鱼片"是武汉传统名菜。因草鱼片挂全蛋糊，走油后两面都是黄色，故得名。制作此菜必须选用鲜活的草鱼，以使鱼片不但鲜嫩，而且在烹制过程中，不折不断，片形整齐。成菜鱼片黄亮，肥嫩鲜香，汤汁稠浓而略有甜味，爽口宜人。

二、课程思政

当我们制作"双黄鱼片"时，要知道改刀技法需要反复练习才能形成肌肉记忆，做出的菜肴才能更精美。

有着部队经历的解成云师傅是个多面手：他鲜鱼开膛时刀法精准，不破坏鱼的原貌；他给鱼分级和加冰包装时，火眼金睛完胜机器，重量不达标的鱼或者冰量不够的包装都可被他一眼识出。

"我跟师傅反复学习，也不断观察同事们是怎么做的。要把这个活干好就要用心去观察，把鱼放在什么位置做着最舒服、最顺手，开出来的刀口才是好看的。"这是解师傅对自己技艺的总结。

子任务 1   自主学习

（1）查阅资料，了解鱼肉与冬笋的原料知识，从种类、选择整理、加工及保存方式等方面进行调研并做好笔记。

（2）观看口袋视频，了解制作步骤，并回答以下问题。

①鱼宰杀及改刀时需要注意什么？

②鱼肉上浆时需要注意什么？

子任务 2　小组拼图

（1）我们采用小组拼图的方式开始今天的自主学习吧。你加入了哪个小组呢？请根据分组情况填写下面的表格吧！

序号	组别	组员	任务	任务小结
1	食神组		理顺双黄鱼片的制作流程	
2	文化组		调查冬笋种植、草鱼养殖的历史、文化，冬笋、草鱼的食用方式等	
3	口诀组		制定双黄鱼片的制作口诀	
4	外联组		讨论制定本课程的主题活动	

（2）外联组公布了本课程的主题活动，请将本次的主题活动记录下来吧！

子任务 3　小师傅小试牛刀探工序

（1）填写双黄鱼片的制作表。

制作表

学生姓名		制作班级		授课教师		制作时间		制作地点	
菜肴名称		英文菜名							

	原料名称、产地	用量/g	单价	单项成本
主料				
辅料				
调料				
燃料				
成本总额			预计毛利率	

手绘稿

每斤						
每位		色	香	味	形	烹饪时耗	合计时耗
每例						
每份						
建议售价		菜肴特点	烹饪方法	盛装器皿	售卖单位	预计时耗	切配时耗
制作方法						
	1.	2.	3.	4.	5.	6.	7.
营养成分	饮食禁忌						

（2）试做双黄鱼片，记录自己的试做体验，并反馈遇到的难点。

（3）自我评价。

项目＼指标＼分数	标准时间/分	选料投料准确	配料合理	刀工处理正确	糊浆使用得当	火候适当	口味适中	色泽恰当	汤汁适宜	操作规范	节约卫生	合计
标准分（百分制）												
扣分												
实得分												

子任务 4　行家出手习诀窍

一、操作概述

（1）刀工：将草鱼头朝外，腹向左，右手持刀，从背鳍外贴脊骨，从鳃盖到尾割一刀，再横片进去，将鱼肉全部片下，另一面也如法炮制。最后把两片鱼肉边缘鱼刺去干净后将鱼皮去掉。

（2）上浆：鱼肉表面的浆液受热凝固后形成保护层。作用：一为保持食材的水分，使其鲜嫩；二为保持食材形态；三为保证原料营养；四为保持菜肴鲜美。

（3）炸制：将上好浆的鱼片用大量油炸制，注意保持油温的稳定，不要受生冷原料下锅的影响而降低油温，以保证菜肴的质量。但这种炸法的火候难以掌握得恰到好处，稍一疏忽便容易焦煳。

（4）焦熘：又称炸熘、脆熘，将炸制好的鱼片加入兑好的芡汁入锅，快速翻炒，使芡汁能够充分粘裹在鱼片表面。

（5）勾芡：借助淀粉在遇热糊化的情况下，具有吸水、黏附及光滑、润洁的特点。在菜肴接近成熟时，将调好的淀粉汁淋入锅内，使卤汁稠浓，增加卤汁对原料的附着力，从而使菜肴汤汁的粉性和浓度增加，改善菜肴的色泽和味道。

二、原料

主料：草鱼。

辅料：冬笋、胡萝卜、鸡蛋。

调料：盐、白糖、味精、胡椒粉、料酒、生姜、小葱、水淀粉、澄面等。

三、初加工

❶鱼宰杀后洗净，从鱼尾下刀片下鱼身。

❷❸鱼身去皮去骨，片成 6 cm 左右的鱼片。

❹胡萝卜改刀成锥形切片，侧面切出造型。

❺冬笋改刀成锥形切片，注意不要切断梳齿部分。

❻❼生姜切片，小葱打结备用。

四、上浆

⑧⑨⑩鱼肉加盐、味精、姜片、葱结、料酒腌渍，打全蛋抓匀。

⑪再加淀粉上厚浆，拌匀。

五、焯水

⑫⑬⑭冷水下姜片、葱结、笋片、胡萝卜片焯水，煮沸后起锅，冲凉水。拣出姜片、葱结、胡萝卜片、笋片用冷水浸泡。

六、炸制

⑮⑯三、四成热油温，下鱼片炸至金黄色捞出沥油。

七、炒制

⑰留底油，下胡萝卜片、笋片。

⑱加清水，下盐、白糖、味精调味。

⑲下炸好的鱼片，下胡椒粉、水淀粉勾芡，炒匀起锅。

八、装盘

⑳㉑盘头用澄面固定，盛出后尽量将胡萝卜片、冬笋片与鱼片交叉叠放。

九、操作重难点

（1）鱼片裹糊时把握好淀粉的用量。

（2）炸鱼片时，油温不宜过高，最好用手将鱼片轻轻放入。

十、行家出手就是不一样，与你的同伴一起总结双黄鱼片的制作口诀

子任务 5 　厨王争霸显本领

（1）观看了教师的示范操作，你一定心领神会了，来吧，与同学们比一比，看看今天谁是厨王！

（2）第二次制作双黄鱼片，你一定有了长足的进步！请记录你的感受。

子任务 6 　温故而知新

一、选择题

（1）"双黄鱼片"使用（　　）肉制作为最佳。

A. 草鱼　　　　　　　B. 鳜鱼　　　　　　　C. 鲢鱼　　　　　　　D. 武昌鱼

（2）"双黄鱼片"一般使用（　　）作为辅料。

A. 土豆　　　　　　　B. 白萝卜　　　　　　C. 腐竹　　　　　　　D. 冬笋

（3）以下哪种鱼类的背刺有毒，初加工时要注意？（　　）

A. 喜头鱼　　　　　　B. 武昌鱼　　　　　　C. 刁子鱼　　　　　　D. 鳜鱼

（4）"双黄鱼片"使用的是（　　）的烹饪技法。

A. 焦熘　　　　　　　B. 滑熘　　　　　　　C. 软熘　　　　　　　D. 水熘

（5）勾芡的目的是（　　）。

A. 稀释汤汁　　　　　B. 对汤汁进行调味　　C. 增加汤汁鲜度　　　D. 让汤汁变得浓稠

二、思考题

（1）怎么把控鱼片裹糊时淀粉的用量？

（2）炸鱼片的油温为多少成热比较适宜？

（3）你还有更好的摆盘创意吗？

子任务 7　主题活动

今天我们学习了制作双黄鱼片的方法，请根据子任务中的主题活动，将这美好的过程记录下来，同时也可以把制作的菜品拍成照片粘贴在空白处。

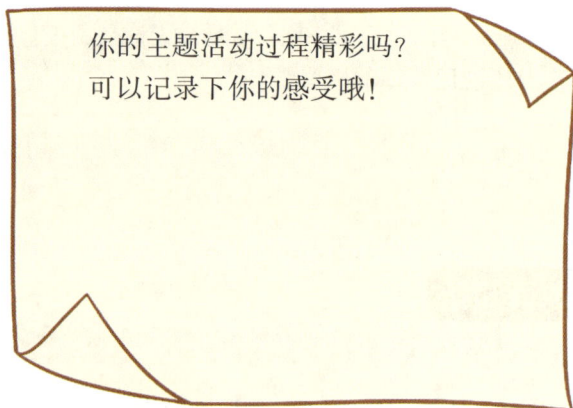

你的主题活动过程精彩吗？
可以记录下你的感受哦！

粘贴照片处

→ 知识拓展

一、原料知识

冬笋是立冬前后由毛竹（楠竹）的地下茎（竹鞭）侧芽发育而成的笋芽，因尚未出土，笋质幼嫩，是一种人们十分喜欢吃的美食。主要产区为贵州赤水、四川宜宾、福建、江西、浙江、湖南、广西等地，其中贵州赤水冬笋因环境原因，草酸含量低可以直接炒，有不过水不麻口的特点。

二、营养知识

冬笋是一种营养价值丰富的美味食品，质嫩味鲜，清脆爽口，含有丰富的蛋白质和多种氨基酸、维生素，钙、磷、铁等微量元素以及丰富的纤维素，能促进肠道蠕动，既有助于消化，又能预防便秘和结肠癌的发生。冬笋是一种高蛋白、低淀粉食品。它所含的多糖物质，还具有一定的抗癌作用。冬笋含有较多草酸，与钙结合会形成草酸钙，患尿道结石、肾炎的人不宜多食。

三、养生知识

竹笋味甘、性微寒，归胃、肺经；具有滋阴凉血、和中润肠、清热化痰、解渴除烦、清热益气、利膈爽胃、利尿通便、解毒透疹、养肝明目的功效，还可开胃健脾、宽肠利膈、通肠排便、开膈豁痰、消油腻、解酒毒。

干烧剥皮鱼

→ 任务目标

（1）能掌握剥皮鱼种类、产地信息、生长条件、营养知识，能合理搭配，能独立在案台或者荷台工作中运用合适技法处理原料。

（2）通过观摩教师示范与参与，掌握剥皮鱼煎制时的火候、烧制及装盘等技术规范。

（3）能够按照行业岗位规范流程独立完成干烧剥皮鱼，并完成菜肴的装盘。

→ 任务导入

一、菜品介绍

剥皮鱼在中国南北沿海地区均有分布，以东海沿海地带产量最高。它为中国经济鱼类。该鱼在中国近海各海区的地方名称甚多，如"羊鱼""牛鱼""橡皮鱼""面包鱼"等。剥皮鱼肉质紧实鲜美，干烧菜汤汁浓稠。干烧剥皮鱼的鱼肉充分吸收汤汁，是一道佐酒下饭的好菜。

二、课程思政

剥皮鱼学名马面鲀，是一种海鱼。马面鲀的皮质较厚，所以需要剥掉鱼皮，进行加工后才能烹饪食用，所以被称为剥皮鱼。我国海洋鱼类加工技艺传承历史悠久，其中海洋鱼类传统加工技艺是浙江岱山海岛居民对新鲜的海洋鱼类进行加工处理的一门专业性技术，海洋鱼类传统加工技艺看似简单，然而各项要求较高，操作程序非常考究，具有一定的科学性。现已被列入浙江省级非物质文化遗产。

子任务 1 自主学习

（1）查阅资料，了解剥皮鱼的原料知识，从种类、选择整理、加工及保存方式等方面进行调研并做好笔记。

（2）观看口袋视频，了解制作步骤，并回答以下问题。

①剥皮鱼打十字花刀时要注意什么？

②煎制剥皮鱼时需要注意什么？

子任务 2　小组拼图

（1）我们采用小组拼图的方式开始今天的自主学习吧。你加入了哪个小组呢？请根据分组情况填写下面的表格吧！

序号	组别	组员	任务	任务小结
1	食神组		理顺干烧剥皮鱼的制作流程	
2	文化组		调查剥皮鱼捕捞的历史、文化，剥皮鱼的食用方式等	
3	口诀组		制定干烧剥皮鱼的制作口诀	
4	外联组		讨论制定本课程的主题活动	

（2）外联组公布了本课程的主题活动，请将本次的主题活动记录下来吧！

子任务 3　小师傅小试牛刀探工序

（1）填写干烧剥皮鱼的制作表。

口袋视频

Note

170

— 制作表 —

学生姓名		制作班级		授课教师		制作时间		制作地点	
菜肴名称		英文菜名							

	原料名称、产地	用量/g	单价	单项成本
主料				
辅料				
调料				
燃料				
成本总额				
预计毛利率				

手绘稿

每斤							
每位		色	香	味	形	烹饪时耗	合计时耗
每例							
每份							
建议售价		菜肴特点	烹饪方法	盛装器皿	售卖单位	预计时耗	切配时耗
制作方法	1.	2.	3.	4.	5.	6.	7.
						营养成分	饮食禁忌

（2）试做干烧剥皮鱼，记录自己的试做体验，并反馈遇到的难点。

（3）自我评价。

项目\分数\指标	标准时间/分	选料投料准确	配料合理	刀工处理正确	糊浆使用得当	火候适当	口味适中	色泽恰当	汤汁适宜	操作规范	节约卫生	合计
标准分（百分制）												
扣分												
实得分												

子任务 4　行家出手习诀窍

一、操作概述

（1）初加工：将剥皮鱼充分解冻后，在两侧打十字花刀；生姜、蒜头切末，小葱切段备用。

（2）煎制：滑锅后下底油，下剥皮鱼，沿锅边淋油，煎至两面金黄后起锅备用。

（3）烧制：下底油，下生姜末、蒜末爆香；下干辣椒、花椒，炒出香味后下肉末煸干；加清水后调味，下剥皮鱼大火煮沸，中小火烧制10分钟，收干汤汁放入葱段即可装盘。

二、原料

主料：剥皮鱼。

辅料：肉末。

调料：油、盐、白糖、味精、生姜、蒜头、小葱、生抽、老抽、料酒、干辣椒、花椒等。

三、初加工

❶❷❸用厨房纸将剥皮鱼表面水分吸干，在鱼两侧打上十字花刀。

❹❺生姜、蒜头切末备用，小葱切段备用。

四、煎制

❻滑锅，防止鱼皮与锅底粘黏。

❼下底油，沿锅边将剥皮鱼滑入锅内，沿锅边淋油，小火煎制。

❽用锅铲轻轻推动每条鱼，将鱼翻面煎制另一面。

❾煎制两面金黄起锅备用。

五、烧制

❿下底油，下生姜末、蒜末爆香。

⓫⓬下干辣椒、花椒，炒出香味下肉末，翻炒煸干至有肉香酥味。

⓭加入清水，依次加入盐、白糖、味精、料酒、生抽、老抽调味。

⓮⓯下煎制好的剥皮鱼，大火煮沸，捞出浮沫，大火烧开，中小火烧制10分钟，大火将汤汁收干，放入葱段。

六、装盘

⓰⓱将烧好的剥皮鱼放入器皿中，使其叠放，表面淋上汤汁即可。

七、操作重难点

（1）必须将剥皮鱼表面水分吸干，否则容易粘锅。

（2）剥皮鱼表面打花刀是为了更容易吸收汤汁，更入味。

（3）料酒的作用是去除鱼的腥味。

八、行家出手就是不一样，与你的同伴一起总结干烧剥皮鱼的制作口诀

子任务 5　厨王争霸显本领

（1）观看了教师的示范操作，你一定心领神会了，来吧，与同学们比一比，看看今天谁是厨王！

（2）第二次制作干烧剥皮鱼，你一定有了长足的进步！请记录你的感受。

子任务 6　温故而知新

扫码看答案

一、选择题

（1）剥皮鱼的肝脏可以制作成（　　）。

A. 卤鱼肝　　　　　　B. 鱼露　　　　　　C. 蛋白粉　　　　　　D. 鱼肝油

（2）滑锅的作用是（　　）。

A. 防止粘锅　　　　　B. 保持油温　　　　C. 食物易熟　　　　　D. 以上都不对

（3）沿锅边淋油的作用是（　　）。

A. 使食物更香　　　　B. 使食物更酥脆　　C. 防止粘锅　　　　　D. 以上都不对

（4）干烧剥皮鱼中没有用到的辅料是（　　）。

A. 干辣椒　　　　　　B. 八角　　　　　　C. 生姜　　　　　　　D. 小葱

（5）烧制剥皮鱼时，用中小火烧制约（　　）。

A. 20 分钟　　　　　　B. 30 分钟　　　　　C. 40 分钟　　　　　　D. 10 分钟

二、思考题

（1）为什么要把剥皮鱼表面的水分吸干？

（2）为什么要打花刀？

（3）料酒的作用是什么？

子任务 7　主题活动

今天我们学习了制作干烧剥皮鱼的方法，请根据子任务中的主题活动，将这美好的过程记录下来，同时也可以把制作的菜品拍成照片粘贴在空白处。

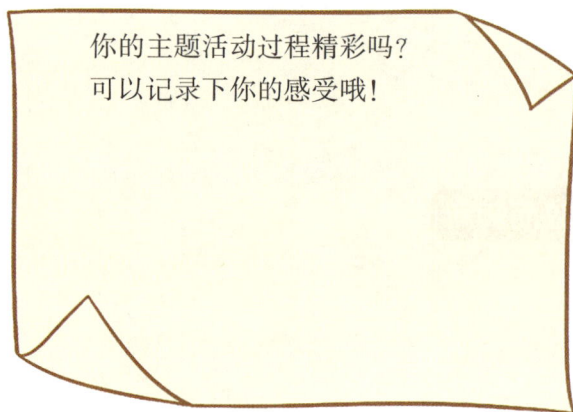

你的主题活动过程精彩吗？
可以记录下你的感受哦！

粘贴照片处

知识拓展

一、原料知识

剥皮鱼为硬骨鱼类，隶属于鲀形目革鲀科，是绿鳍马面鲀的俗称，也称"皮匠鱼"（山东、辽宁等）。体侧扁而高，体长大于 2 倍体高。背鳍两个，第一棘强大，二腹鳍合一，仅露出一短棘尖。体暗绿色，有不规则斑块，背鳍和臀鳍鳍膜为绿色，故称"绿鳍马面鲀"。其为外海暖温性底层鱼类。

二、营养知识

剥皮鱼资源丰富，无毒，含有蛋白质、维生素及脂肪等营养成分，还富含钙、磷、铁等多种微量元素，可供人们鲜食或加工成鱼干食用，营养价值不比其他鱼类差，是一种价廉物美的食用鱼类。

三、养生知识

剥皮鱼资源丰富，无毒，肝大，可制鱼肝油。肝占全鱼重量的 3.9% ～ 7.4%，含油量高达 50% ～ 60%。鱼骨可做鱼排罐头，头皮内脏可做鱼粉。鱼皮能制成可溶性食用鱼蛋白。这是一种富含蛋白质的营养食品，不仅含多种氨基酸，而且易被人体消化吸收。因此对于年幼儿童以及一般体弱多病者都是一种良好的营养食品。不过所制得食用鱼蛋白具有特殊的腥臭味，所以会影响其食用价值。

剥皮鱼浑身是宝，中医认为，剥皮鱼性平，味甘，归脾经，有止血解毒、健脾消食的功效，主治外伤出血、乳腺癌、胃炎等症。

煎烹鮰鱼

（1）能掌握鮰鱼种类、产地信息、生长条件、营养知识，能合理搭配，能独立在案台或者荷台工作中运用合适技法处理原料。

（2）通过观摩教师示范与参与，掌握鮰鱼的宰杀、改刀、煎制时火候的掌握、烧制及装盘等技术规范。

（3）能够按照行业岗位规范流程独立完成煎烹鮰鱼，并完成菜肴的装盘。

一、菜品介绍

"煎烹"即为烧煮食物，《石鼎联句》中说："巧匠斫山骨，刳中事煎烹。"在现代烹饪中，煎烹技法也为先煎制，再干烧。煎烹鮰鱼是湖北省非物质文化遗产——鮰鱼制作技艺的代表性传承人、第五代鮰鱼大王常福曾大师的代表菜肴之一。煎烹鮰鱼外酥里嫩，保留了鮰鱼肉本身软糯的口感，做法也十分考究。

二、课程思政

湖北省非物质文化遗产——鮰鱼制作技艺的代表性传承人孙昌弼，被誉为第四代鮰鱼大王。他在色、味、香、形、意、养等方面都进行了大胆的尝试和创新，使鮰鱼制作独具特色，如"四色鮰鱼糕""三味鮰鱼""菠萝鮰鱼"等，都是耳熟能详、令人回味的代表作。

老骥伏枥，志在千里。年逾古稀的孙昌弼倾尽心血并仍在孜孜不倦地追求中国饮食文化的传播和推广。

子任务 1　自主学习

（1）查阅资料，了解鮰鱼的原料知识，从种类、选择整理、加工及保存方式等方面进行调研并做好笔记。

Note

（2）观看口袋视频，了解制作步骤，并回答以下问题。

①宰杀鲴鱼的方式与宰杀其他鱼类有什么不同？

②在裹糊与拍粉的工序中需要注意什么？

子任务 2　小组拼图

（1）我们采用小组拼图的方式开始今天的自主学习吧。你加入了哪个小组呢？请根据分组情况填写下面的表格吧！

序号	组别	组员	任务	任务小结
1	食神组		理顺煎烹鲴鱼的制作流程	
2	文化组		调查鲴鱼捕捞、养殖的历史、文化，鲴鱼的食用方式等	
3	口诀组		制定煎烹鲴鱼的制作口诀	
4	外联组		讨论制定本课程的主题活动	

（2）外联组公布了本课程的主题活动，请将本次的主题活动记录下来吧！

子任务 3　小师傅小试牛刀探工序

（1）填写煎烹鲴鱼的制作表。

制作表

学生姓名		制作班级		制作时间		制作地点	
菜肴名称		授课教师					
英文菜名							
手绘稿							

	原料名称、产地	用量/g	单价	单项成本
主料				
辅料				
调料				
燃料				
成本总额				预计毛利率

制作方法	建议售价	每份	每例	每位	每斤
1.	菜肴特点			色	
2.	烹饪方法			香	
3.	盛装器皿			味	
4.	售卖单位			形	
5.	预计时耗			烹饪时耗	
6.	切配时耗			合计时耗	
7.					
营养成分					
饮食禁忌					

（2）试做煎烹鲖鱼，记录自己的试做体验，并反馈遇到的难点。

（3）自我评价。

项目 ＼ 分数 ＼ 指标	标准时间/分	选料投料准确	配料合理	刀工处理正确	糊浆使用得当	火候适当	口味适中	色泽恰当	汤汁适宜	操作规范	节约卫生	合计
标准分（百分制）												
扣分												
实得分												

子任务 4　行家出手习诀窍

一、操作概述

（1）初加工：鲖鱼洗净后，分离鱼腹，去除内脏；用热水去除鲖鱼的黏液；鱼肉改刀、去鱼皮。

（2）裹糊拍粉、制调味汁：鱼肉腌制后抓揉上劲，在鱼肉正反面拍上蛋黄、面粉、淀粉；切葱花、姜末、朝天椒，调味后拌匀沥渣后制成调味汁备用。

（3）烹制：三成热油温下鱼肉煎至两面焦黄，下调味汁，待鱼肉吸干汁水后下葱花出锅即可装盘。

二、原料

主料：鲖鱼。

辅料：鸡蛋。

调料：盐、白糖、味精、生抽、醋、蚝油、料酒、淀粉、面粉、小葱、生姜、朝天椒等。

三、初加工

❶❷鲴鱼洗净后将鱼鳃后的硬骨切断，再切断鱼下颌，沿下颌两侧切开鱼腹，并分离，最后去除内脏。

❸烧水至起白泡时关火，将热水淋在鲴鱼表面。

❹此时，鱼身上的黏液凝固，用刀刮净。

❺从鱼尾处下刀，沿脊骨片下鱼肉。

❻从鱼肉中段下刀，不可切断，片下鱼皮。

四、裹糊拍粉

❼❽鱼肉中下盐、味精、料酒抓揉上劲。

❾取蛋黄给鱼肉裹糊。

❿⓫在盘中下适量面粉和淀粉，混合均匀。

⓬将鱼肉正反都拍上粉。

五、制盘头

⓭器皿用盘饰装点。

⓮朝天椒从末端纵向切开。

⓯去籽后泡入清水中。

六、制调味汁

⓰⓱切姜末、葱花、朝天椒，下盐、味精、白糖、生抽、料酒、醋搅拌均匀沥渣制成调味汁备用。

七、烹制

⓲三成热油温，轻取鱼块下锅煎制。

⓳煎至两面焦黄，下调味汁烧制。大火烧开，晃动锅，以免粘锅。

⓴下葱花后出锅。

八、装盘

㉑夹取鱼块叠放即可。

九、操作重难点

（1）鲖鱼去骨时，鱼骨尽量少剩下鱼肉。

（2）拍粉需要拍紧实，抖去多余的粉。

（3）煎制鲖鱼时，需轻取，以免破坏鱼肉。

十、行家出手就是不一样，与你的同伴一起总结煎烹鲖鱼的制作口诀

子任务 5　厨王争霸显本领

（1）观看了教师的示范操作，你一定心领神会了，来吧，与同学们比一比，看看今天谁是厨王！

（2）第二次制作煎烹鲖鱼，你一定有了长足的进步！请记录你的感受。

子任务 6　温故而知新

扫码看答案

一、选择题

（1）鲖鱼选用产自湖北（　　）为最佳。

A. 麻城　　　　　　　B. 松滋　　　　　　　C. 石首　　　　　　　D. 天门

（2）鲖鱼除了煎烹还可以采用（　　）的方式来制作。

A. 油炸　　　　　　　B. 干煸　　　　　　　C. 红烧　　　　　　　D. 烧烤

（3）用（　　）的水可以为鲖鱼去除黏液。

A. 80℃左右　　　　　B. 60℃左右　　　　　C. 90℃左右　　　　　D. 100℃左右

（4）裹糊拍粉时没有用到的是（　　）。

A. 蛋黄　　　　　　　B. 胡椒粉　　　　　　C. 淀粉　　　　　　　D. 料酒

（5）煎制鲖鱼时的油温应控制在（　　）。

A. 一成热　　　　　　B. 二成热　　　　　　C. 三成热　　　　　　D. 四成热

二、思考题

（1）鲖鱼去骨时需要注意什么？

（2）拍粉时为什么要抖去多余的粉？

（3）煎制鮰鱼时需要注意什么？

子任务 7 主题活动

今天我们学习了制作煎烹鮰鱼的方法，请根据子任务中的主题活动，将这美好的过程记录下来，同时也可以把制作的菜品拍成照片粘贴在空白处。

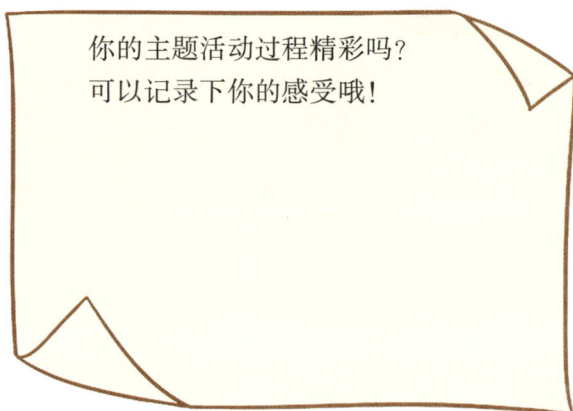

你的主题活动过程精彩吗？
可以记录下你的感受哦！

粘贴照片处

→ 知识拓展

一、原料知识

鮰鱼，古名鮠鱼，各地土称不同，鮰鱼生活在江河底层，为底层鱼类。喜爱远程回旋，鮰而得名；多在水流深处、砾石堆的夹缝中越冬。鮰鱼是我国特产的名贵鱼品，主产于长江中段的湖北境内，武昌金口鮰鱼和石首笔架鮰鱼的品质较优。

长吻鮠肉嫩刺少，口感爽滑，非常鲜美。一般有红烧、粉蒸、羹汤等做法。民间有"不食江团，不知鱼味"之说，特别是长吻鮠的鳔十分肥厚，干制成"鱼肚"是享誉中外的珍肴。

二、营养知识

鮰鱼富含多种维生素和微量元素，是滋补营养佳品，蛋白质含量高，为13.7%；脂肪含量低，为4.7%，被誉为淡水食用鱼中的上品。此鱼最美之处在带软边的腹部。而且其鳔特别肥厚，干制后为名贵的鱼肚。苏东坡曾写诗赞它曰："粉红石首仍无骨，雪白河豚不药人。"诗中道出了鮰鱼的特别之处：肉质白嫩，鱼皮肥美，味道鲜美，无毒素且刺少。

三、养生知识

《本经逢原》中就曾提到阔口鱼，也就是鮰鱼，能"开胃进食，下膀胱水气，病人食之，无发毒之虑，食品中之有益者也。"而且，中医认为，鮰鱼的肉有着补中益气，开胃，行水的作用，能够用于治疗脾胃虚弱，饮食不良，浮肿水气和小便不利等病症。

粉蒸鮰鱼

任务目标

（1）能掌握鮰鱼种类、产地信息、生长条件、营养知识，能合理搭配，能独立在案台或者荷台工作中运用合适技法处理原料。

（2）通过观摩教师示范与参与，掌握鮰鱼的宰杀、改刀、裹粉、蒸制及装盘等技术规范。

（3）能够按照行业岗位规范流程独立完成粉蒸鮰鱼，并完成菜肴的装盘。

任务导入

一、菜品介绍

在以"三蒸"著称的江汉平原，每当柳絮杨花的季节，粉蒸鮰鱼便是一道应时名肴了。鮰鱼在上蒸笼之前需用多种调料充分腌制入味，而后拌以大米粉入笼蒸制。粉蒸石首鮰鱼可以勾芡装盘上桌，也可不勾芡，在鱼上撒葱花，配以姜末、胡椒粉、芝麻油、味精和净鸡汤勾兑的味碟上席，由食客自蘸调味汁而食，肥嫩鲜香，更为可口，富有乡土气息。

二、课程思政

早在宋代长吻鮠已经为人们熟识，它的美味让苏东坡赞不绝口，创作了一首《戏作鮰鱼一绝》，"粉红石首仍无骨，雪白河豚不药人。寄与天公与河伯，何妨乞与水精鳞"。

清代时汉口的"老大兴园"，以烹制红烧鮰鱼出名，素有"鮰鱼大王"之称。一百多年来，该店著名厨师刘开榜、曹雨庭、汪显山、孙昌弼，分别成为"鮰鱼大王"，曾创制了数十种鮰鱼菜肴和鮰鱼席，特别是"红烧鮰鱼"颇有特色，闻名全国。

湖北省作协湖北分会原副主席碧野曾以"长江浪阔鮠鱼美"为标题，撰文称赞了鮰鱼美味，武汉一直以善制鮰鱼菜而闻名。

子任务 1 自主学习

（1）查阅资料，了解鮰鱼的原料知识，从种类、选择整理、加工及保存方式等方面进行调研并做好笔记。

（2）观看口袋视频，了解制作步骤，并回答以下问题。

①用什么样的方法可以去除鮰鱼身上的黏液？

②腌制鮰鱼时需要注意什么？

子任务 2 小组拼图

（1）我们采用小组拼图的方式开始今天的自主学习吧。你加入了哪个小组呢？请根据分组情况填写下面的表格吧！

序号	组别	组员	任务	任务小结
1	食神组		理顺粉蒸鮰鱼的制作流程	
2	文化组		调查鮰鱼捕捞、养殖的历史、文化，鮰鱼的食用方式等	
3	口诀组		制定粉蒸鮰鱼的制作口诀	
4	外联组		讨论制定本课程的主题活动	

（2）外联组公布了本课程的主题活动，请将本次的主题活动记录下来吧！

子任务 3 小师傅小试牛刀探工序

（1）填写粉蒸鮰鱼的制作表。

制作表

学生姓名		制作班级		授课教师		制作时间		制作地点		
菜肴名称		英文菜名						单价		单项成本
手绘稿				原料名称、产地	用量/g					
	主料									
	辅料									
	调料									
	燃料									
	成本总额								预计毛利率	

建议售价	每份	每例	每位	每斤
菜肴特点			色	
烹饪方法			香	
盛装器皿			味	
售卖单位			形	
预计时耗			烹饪时耗	
切配时耗			合计时耗	

制作方法
1.
2.
3.
4.
5.
6.
7.

营养成分	
饮食禁忌	

（2）试做粉蒸鮰鱼，记录自己的试做体验，并反馈遇到的难点。

（3）自我评价。

项目 ＼ 分数 ＼ 指标	标准时间/分	选料投料准确	配料合理	刀工处理正确	糊浆使用得当	火候适当	口味适中	色泽恰当	汤汁适宜	操作规范	节约卫生	合计
标准分（百分制）												
扣分												
实得分												

子任务 4　行家出手习诀窍

一、操作概述

（1）初加工：鮰鱼洗净后，分离鱼腹，去除内脏；用热水去除鮰鱼的黏液；鱼肉改刀斩块。

（2）腌制上浆及裹粉：鱼肉腌制后抓揉上劲，用适量大米碾成米粉，使鱼块在米粉上滚动沾上米粉。

（3）蒸制、制调味汁：将过好米粉的鱼块放置在铺有紫苏叶的蒸笼中蒸制；生姜切片，葱切末，调味后制成调味汁；将蒸笼打开与调味汁放置在一起即可完成装盘。

二、原料

主料：鮰鱼。

辅料：大米。

调料：盐、白糖、味精、生抽、醋、蚝油、面粉、葱、生姜、胡椒粉、香油等。

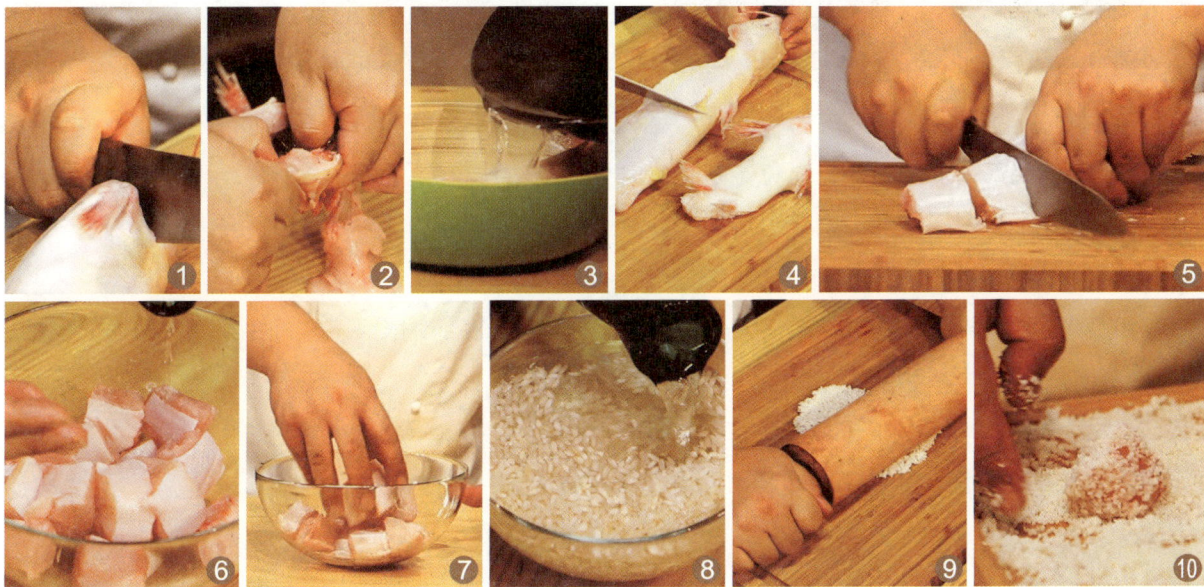

三、初加工

❶❷鮰鱼洗净后将鱼鳃后的硬骨切断，再切断鱼下颌，沿下颌两侧切开鱼腹，并分离，最后去除内脏。

❸烧水至起白泡时关火，将热水淋在鮰鱼表面。

❹此时，鱼身上的黏液凝固，用刀刮净。

❺去鱼鳍，斩成块备用。

四、腌制上浆

❻❼将鱼块置于容器中，依次加盐、味精和适量清水抓揉上劲。注意，不要一次加大量的水，应分三次添加。

五、裹粉

❽取适量大米置于容器中，添加清水泡胀。

❾用擀面杖将大米碾成米粉。

❿轻取鱼块使鱼块在米粉上滚动，使鱼块表面粘上米粉。注意，不要用手捏鱼块，应轻放使之来回滚动。

六、蒸制

⓫在蒸笼底部铺上紫苏叶，以免蒸制时鱼肉与蒸笼粘黏。

⓬将裹好米粉的鱼块置于蒸笼中，加盖上锅蒸制。

七、制调味汁

⓭⓮⓯⓰生姜切丝，葱切末，朝天椒切成圈，置于容器底部。依次下盐、白糖、味精、醋、生抽、胡椒粉、香油，搅拌均匀即可。

八、装盘

⓱⓲打开蒸笼盖，插上紫苏叶装饰，与调味汁放置在一起即可。

九、操作重难点

（1）鲴鱼的宰杀方式与其他鱼不同。

（2）鱼块需分三次加水抓揉上劲。

（3）裹米粉时，不要用手抓鱼块，或者用手裹米粉。

（4）把握好蒸制时间。

十、行家出手就是不一样，与你的同伴一起总结粉蒸鲴鱼的制作口诀

子任务 5　厨王争霸显本领

（1）观看了教师的示范操作，你一定心领神会了，来吧，与同学们比一比，看看今天谁是厨王！

（2）第二次制作粉蒸鲴鱼，你一定有了长足的进步！请记录你的感受。

子任务 6　温故而知新

一、选择题

（1）鲴鱼（　　）部位可以制成鲴鱼肚。

A.鱼腩　　　　　　　B.鱼腹　　　　　　　C.鱼鳔　　　　　　　D.鱼肝

（2）鲴鱼除了粉蒸还可以采用（　　）的方式来制作。

A.油炸　　　　　　　B.干煸　　　　　　　C.煎烹　　　　　　　D.烧烤

（3）鲴鱼块腌制上浆时，应分（　　）次加水。

A.1　　　　　　　　　B.2　　　　　　　　　C.3　　　　　　　　　D.4

（4）在蒸笼底部放置紫苏叶的主要作用是（　　）。

A.增香　　　　　　　B.防止蒸糊　　　　　C.增鲜　　　　　　　D.防止粘黏

（5）调味汁中没有用到的是（　　）。

A.料酒　　　　　　　B.白糖　　　　　　　C.香油　　　　　　　D.朝天椒

二、思考题

（1）鱼块上浆时需要注意什么？

扫码看答案

（2）裹米粉时需要注意什么？

（3）过米粉时，为什么不可以用手捏鮰鱼块？

子任务 7　主题活动

今天我们学习了制作粉蒸鮰鱼的方法，请根据子任务中的主题活动，将这美好的过程记录下来，同时也可以把制作的菜品拍成照片粘贴在空白处。

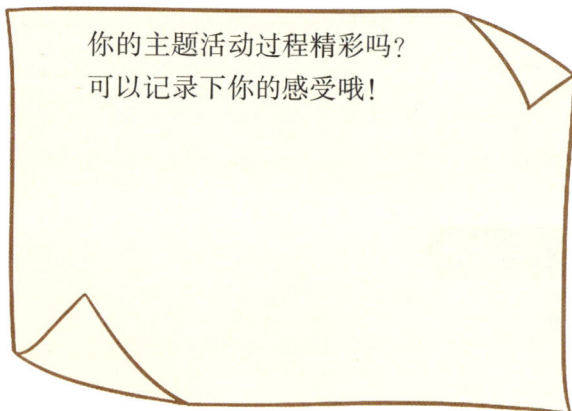

你的主题活动过程精彩吗？
可以记录下你的感受哦！

粘贴照片处

→ 知识拓展

一、原料知识

鮰鱼肚，以亚口鱼科长吻鮠即鮰鱼的鳔加工制成。因形状似荷包，略呈椭圆形，也叫荷包肚。大小如巴掌，厚实肥大，壁厚 0.5 ～ 1 cm，色白光滑，每只重 50 ～ 100 g，大者可达 250 g。鮰鱼为长江淡水鱼，湖北人认为其鱼肚形像石首笔架山，故称为笔架山鱼肚，其他地方称为鮰鱼肚。

二、营养知识

鮰鱼含有大量的蛋白质，每 100 g 鮰鱼含蛋白质 17.6 g，且鱼肉所含的蛋白质都是完全蛋白质，蛋白质中必需氨基酸的量和比值最接近人体需要，容易被人吸收和利用；鮰鱼脂肪含量较低，每 100 g 鮰鱼脂肪含量 0.8 g，且多为不饱和脂肪酸。

三、养生知识

鮰鱼不仅可以有效健脾开胃、补中益气，还可以补充身体所缺失的气血。这种鱼本身属于一种淡水鱼，氨基酸含量比较高，还有大量的维生素 A 和维生素 D，适量食用可以营养神经。

椒盐基围虾

任务目标

（1）能掌握虾种类、产地信息、生长条件、营养知识，能合理搭配，能独立在案台或者荷台工作中运用合适技法处理原料。

（2）通过观摩教师示范与参与，掌握基围虾的开背、油爆、炒制及装盘等技术规范。

（3）能够按照行业岗位规范流程独立完成椒盐基围虾，并完成菜肴的装盘。

任务导入

一、菜品介绍

基围虾的烹制方法有很多，但油爆后炒制的椒盐基围虾，不但能保留虾肉的香甜，还能使外壳更酥脆，成菜色泽鲜红，壳脆肉嫩，咸鲜入味。椒盐基围虾是一道佐酒的好菜。

二、课程思政

国画大师齐白石擅画虾。

抗日战争时期，北平伪警司令、大特务头子宣铁吾过生日，硬邀请国画大师齐白石赴宴作画。齐白石来到宴会上，环顾了一下满堂宾客，略为思索，铺纸挥洒。眨眼之间，一只水墨螃蟹跃然纸上。

众人赞不绝口，宣铁吾喜形于色。不料，齐白石笔锋轻轻一挥，在画上题了一行字——"横行到几时"，后书"铁吾将军"，然后仰头拂袖而去。

1937年，日本侵略军占领了北平。齐白石为了不被敌人利用，坚持闭门不出，并在门口贴出告示，上书："中外官长要买白石之画者，用代表人可矣，不必亲驾到门，从来官不入民家，官入民家，主人不利，谨此告知，恕不接见。"

齐白石还嫌不够，又画了一幅画来表明自己的心迹。画面很特殊，一般人画翡翠（一种鸟）时，都让它站在石头或荷茎上，窥伺着水面上的鱼儿；齐白石却一反常态，不去画水面上的鱼，而画深水中的虾，并在画上题字："从来画翡翠者必画鱼，余独画虾，虾不浮，翡翠奈何？"

齐白石闭门谢客，自喻为虾，并把做官的汉奸与日本人比作翡翠，意义深藏，发人深思。

子任务 1　自主学习

（1）查阅资料，了解基围虾的原料知识，从种类、选择整理、加工及保存方式等方面进行调研并做好笔记。

（2）观看口袋视频，了解制作步骤，并回答以下问题。

①基围虾开背需要注意什么？

②油爆基围虾时需要注意什么？

子任务2 小组拼图

（1）我们采用小组拼图的方式开始今天的自主学习吧。你加入了哪个小组呢？请根据分组情况填写下面的表格吧！

序号	组别	组员	任务	任务小结
1	食神组		理顺椒盐基围虾的制作流程	
2	文化组		调查基围虾捕捞、养殖的历史、文化，基围虾食用方式等	
3	口诀组		制定椒盐基围虾的制作口诀	
4	外联组		讨论制定本课程的主题活动	

（2）外联组公布了本课程的主题活动，请将本次的主题活动记录下来吧！

子任务3 小师傅小试牛刀探工序

（1）填写椒盐基围虾的制作表。

— 制作表 —

学生姓名		制作班级		授课教师		制作时间		制作地点		单项成本
菜肴名称		英文菜名						单价		
手绘稿										

	原料名称、产地	用量/g	单价	单项成本
主料				
辅料				
调料				
燃料				
成本总额				
预计毛利率				

每斤						
每位		色	香	味	形	烹饪时耗 合计时耗
每例						
每份						
建议售价		菜肴特点	烹饪方法	盛装器皿	售卖单位	预计时耗 切配时耗

制作方法	1.	2.	3.	4.	5.	6.	7.

营养成分	
饮食禁忌	

（2）试做椒盐基围虾，记录自己的试做体验，并反馈遇到的难点。

（3）自我评价。

项 目 \ 分 数 \ 指 标	标准时间/分	选料投料准确	配料合理	刀工处理正确	糊浆使用得当	火候适当	口味适中	色泽恰当	汤汁适宜	操作规范	节约卫生	合计
标准分（百分制）												
扣分												
实得分												

子任务 4　行家出手习诀窍

一、操作概述

（1）初加工：基围虾去头开背，挑去虾线；青、红椒去蒂去籽，切粒。

（2）油爆：油温五成热，下基围虾，变色后迅速起锅。

（3）炒制：下底油，下青、红椒粒翻炒；下基围虾，调味后起锅装盘即可。

二、原料

主料：基围虾。

辅料：青椒、红椒。

调料：椒盐粉、白糖、料酒等。

三、初加工

❶❷❸基围虾去头，沿背中线片开，不可切断，挑去虾线。

❹❺❻红椒去蒂去籽，切粒；青椒去蒂去籽，切粒。

四、油爆

❼❽❾油温五成热，下基围虾，变色后迅速起锅。

五、炒制

❿下底油，下青、红椒粒翻炒。

⓫⓬下基围虾，下椒盐粉、白糖翻炒均匀起锅。

六、装盘

⓭⓮事先做好盘头，盛入菜品后，再撒一些青红椒末在表面即可。

七、操作重难点

（1）虾线藏有大量细菌，因此除虾线很有必要。

（2）油爆基围虾时，注意控制油温。

八、行家出手就是不一样，与你的同伴一起总结椒盐基围虾的制作口诀

子任务 5　厨王争霸显本领

（1）观看了教师的示范操作，你一定心领神会了，来吧，与同学们比一比，看看今天谁是厨王！

（2）第二次制作椒盐基围虾，你一定有了长足的进步！请记录你的感受。

子任务 6　温故而知新

一、选择题

（1）"基围虾"的基围是一种（　　）。

A. 虾的名称　　　　　　B. 养殖虾的方式　　　　C. 菜肴的名称　　　　D. 以上都不对

（2）基围虾开背是沿（　　）片开。

A. 虾头　　　　　　　　B. 背中线　　　　　　　C. 腹部中线　　　　　D. 虾尾

（3）关于虾线的说法，不正确的是（　　）。

A. 虾线含有大量细菌　　　　　　　　　　　B. 虾线含有大量有害物质

C. 需要挑出虾线　　　　　　　　　　　　　D. 不需要挑出虾线

（4）油爆基围虾的油温是（　　）。

A. 五成热　　　　　　B. 六成热　　　　　　　C. 四成热　　　　　D. 三成热

（5）判断油爆基围虾时起锅的标准是（　　）。

A. 炸至金黄　　　　　B. 虾壳酥脆　　　　　　C. 壳肉分离　　　　D. 虾壳变色

二、思考题

（1）基围虾为什么要去除虾线？

（2）油爆基围虾时需要注意什么？

Note

（3）你还有更好的摆盘方式吗？

子任务 7 　主题活动

今天我们学习了制作椒盐基围虾的方法，请根据子任务中的主题活动，将这美好的过程记录下来，同时也可以把制作的菜品拍成照片粘贴在空白处。

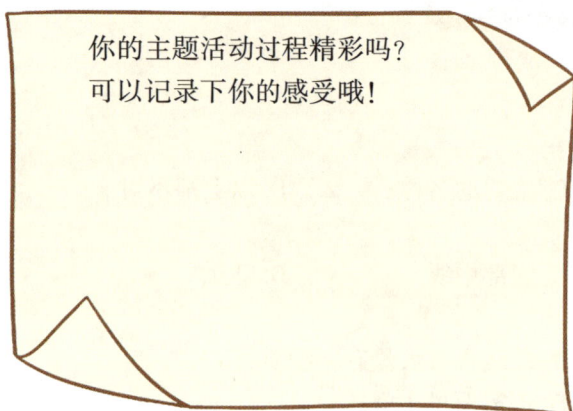

你的主题活动过程精彩吗？
可以记录下你的感受哦！

粘贴照片处

→ 知识拓展

一、原料知识

"基"就是基堤、堤坝，"围"就是围起来。华南地区有些人会在河流入海口用石头围起堤坝，早期是为了防御海水侵袭田地，后来发现，有些虾苗会在涨潮时进入堤内，出不去后在堤内慢慢长大，这样人们不出海就能捞到虾。于是，广东渔民就将这种由堤坝发展成的、石头围起来的池塘用来养虾，基围里的虾，都叫基围虾。

二、营养知识

虾中含有 20% 的蛋白质，是蛋白质含量较高的食品之一，其蛋白质含量是鱼、蛋、奶的几倍甚至十几倍。与鱼肉相比，虾的人体必需氨基酸（如缬氨酸）含量并不高，却是营养均衡的蛋白质来源。另外，虾类含有甘氨酸，这种氨基酸的含量越高，虾的甜味就越高。

三、养生知识

基围虾性温味甘，入肝、肾经，不属于寒性食物。

基围虾虾肉有补肾壮阳、通乳抗毒、养血固精、化瘀解毒、益气滋阳、通络止痛、开胃化痰等功效，它适宜肾虚阳痿、遗精早泄、乳汁不通、筋骨疼痛、手足抽搐、全身瘙痒、皮肤溃疡、身体虚弱和神经衰弱者食用。

模块五

菌藻类菜肴制作

导入

扫码看课件

大型真菌，通常南方称为"菌"，北方称为"菇"，故有南"菌"北"菇"之说，目前已经发现的就有几万种。在距今5000～7000年的仰韶文化时期，我们的祖先就已经大量地采食菌菇，中国是世界上最早认识菌菇的国家。在《礼记·内则》中已有记载。在我国道教、佛教的经籍中，菌菇被列为素食美味之一。寺院斋菜的主要原料是"五菇三耳"（香菇、草菇、口蘑、平菇、金针菇和黑木耳、白木耳、毛木耳）。许多可食用菌菇含有丰富的蛋白质和氨基酸，脂肪含量很低，还含有维生素和多种矿物元素。食用菌不仅味美，而且营养丰富，药用价值高，常被人们称作健康食品。本模块以油焖双冬、炒木樨肉、花酿香菇三种热菜为例对菌藻类菜肴的制作进行讲解。

油焖双冬

（1）能掌握冬笋、冬菇的种类、产地信息、生长条件、营养知识，能合理搭配，能独立在案台或者荷台工作中运用合适技法处理原料。

（2）通过观摩教师示范与参与，掌握冬菇的泡发，冬笋改刀、焯水，以及烧制及装盘等技术规范。

（3）能够按照行业岗位规范流程独立完成油焖双冬，并完成菜肴的装盘。

任务导入

一、菜品介绍

所谓"双冬"，即指冬笋与冬菇。冬笋与冬菇不仅味道鲜美，而且营养价值极高，冬笋含有对人体有益的纤维素和多种氨基酸，冬菇可以为人类提供优质的蛋白质。先用水焯去冬笋与冬菇涩味，再用油焖烧而成，鲜味溢出，令人赞不绝口。

二、课程思政

笋，在古代中国的美食界可有着不一般的地位，相关专家考证，早在三千多年前，中国人就开始食用竹笋了。《说文》曰："笋，竹胎也。"竹笋即竹子从土里长出来的嫩芽。在中国人眼里，竹笋"根生大地，渴饮甘泉""得土而横逸"，象征着旺盛的生命力，所以人们习惯用"雨后春笋"来形容一件事物的勃勃生机；进而联想到，吃了竹笋也可以和它一样获得无限生机。

子任务 1 自主学习

（1）查阅资料，了解冬菇、冬笋的原料知识，从种类、选择整理、加工及保存方式等方面进行调研并做好笔记。

Note

（2）观看口袋视频，了解制作步骤，并回答以下问题。

①水发冬菇需要注意什么？

②冬笋切片时需要注意什么？

子任务 2　小组拼图

（1）我们采用小组拼图的方式开始今天的自主学习吧。你加入了哪个小组呢？请根据分组情况填写下面的表格吧！

序号	组别	组员	任务	任务小结
1	食神组		理顺油焖双冬的制作流程	
2	文化组		调查冬菇、冬笋种植的历史、文化、食用方式等	
3	口诀组		制定油焖双冬的制作口诀	
4	外联组		讨论制定本课程的主题活动	

（2）外联组公布了本课程的主题活动，请将本次的主题活动记录下来吧！

子任务 3　小师傅小试牛刀探工序

（1）填写油焖双冬的制作表。

Note

制作表

学生姓名		制作班级		授课教师		制作时间		制作地点		
菜肴名称		英文菜名		原料名称、产地			用量/g	单价	单项成本	
手绘稿				主料						
				辅料						
				调料						
				燃料						
				成本总额					预计毛利率	

每斤							
每位		色	香	味	形	烹饪时耗	合计时耗
每例							
每份							
建议售价		菜肴特点	烹饪方法	盛装器皿	售卖单位	预计时耗	切配时耗
制作方法	1.	2.	3.	4.	5.	6.	7.
						营养成分	饮食禁忌

（2）试做油焖双冬，记录自己的试做体验，并反馈遇到的难点。

（3）自我评价。

项目＼分数＼指标	标准时间/分	选料投料准确	配料合理	刀工处理正确	糊浆使用得当	火候适当	口味适中	色泽恰当	汤汁适宜	操作规范	节约卫生	合计
标准分（百分制）												
扣分												
实得分												

子任务 4　行家出手习诀窍

一、操作概述

（1）初加工：冬菇用清水泡发、去蒂备用；生姜切片；冬笋改刀焯水沥干备用。

（2）烧制：下底油、姜片爆香；下冬菇、冬笋翻炒，加清水并调味；起锅前下胡椒粉、淋香油；起锅装盘。

二、原料

原料：冬菇、冬笋。

调料：盐、味精、胡椒粉、生姜、香油等。

三、初加工

❶❷冬菇用清水泡发，去蒂备用。

❸生姜切成菱形片。

❹❺冬笋改刀，切成厚约 0.5 cm 的片。

❻❼烧水，下盐、底油，下冬笋焯水后沥干水分。

四、烧制

❽下底油，下姜片爆香。

❾下冬菇、冬笋翻炒。

❿⓫加清水烧制，下盐、味精继续翻炒使之入味。

⓬⓭下胡椒粉、淋香油后翻炒均匀起锅。

五、装盘

⓮⓯事先做好盘头，装盘后整理，使冬菇正面朝上。

六、操作重难点

（1）冬笋需要焯水，目的有二，其一为去掉冬笋中的酸涩味道，其二是缩短烧制时间。

（2）冬笋切片时，注意尽量保持其完整性，不要断开、破损。

七、行家出手就是不一样，与你的同伴一起总结油焖双冬的制作口诀

子任务 5　厨王争霸显本领

（1）观看了教师的示范操作，你一定心领神会了，来吧，与同学们比一比，看看今天谁是厨王！

（2）第二次制作油焖双冬，你一定有了长足的进步！请记录你的感受。

子任务 6　温故而知新

一、选择题

（1）油焖双冬中的"双冬"是指（　　）。

A. 冬瓜、冬菇　　　　　B. 冬笋、冬菇　　　　　C. 冬瓜、冬笋　　　　　D. 冬瓜、冬菜

（2）冬笋改刀切片的厚度控制在（　　）左右。

A. 0.3 cm　　　　　　　B. 0.4 cm　　　　　　　C. 0.5 cm　　　　　　　D. 0.6 cm

（3）冬笋焯水时，在水中滴入食用油的目的是（　　）。

A. 增鲜　　　　　　　　B. 增香　　　　　　　　C. 增色　　　　　　　　D. 增亮

（4）关于冬笋焯水的目的，说法不正确的是（　　）。

A. 更加入味　　　　　　B. 去除涩味　　　　　　C. 减少烹饪时间　　　　D. 保持口感

（5）在烹制菜肴时，起锅前最后下胡椒粉的目的是（　　）。

A. 入味　　　　　　　　B. 增鲜　　　　　　　　C. 防止香味消散　　　　D. 以上都不对

二、思考题

（1）冬笋焯水的目的是什么？

（2）烧制油焖双冬的时候需要注意什么？

（3）你还有更有创意的摆盘方式吗？

扫码看答案

Note

子任务 7　主题活动

今天我们学习了制作油焖双冬的方法，请根据子任务中的主题活动，将这美好的过程记录下来，同时也可以把制作的菜品拍成照片粘贴在空白处。

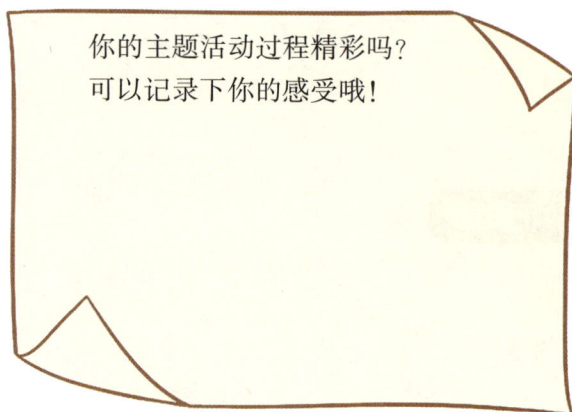

你的主题活动过程精彩吗？
可以记录下你的感受哦！

粘贴照片处

→ 知识拓展

一、原料知识

香菇属担子菌纲伞菌目口蘑科香菇属，起源于中国，是世界第二大菇，也是中国久负盛名的珍贵食用菌。中国最早栽培香菇，已有 800 多年历史。香菇也是中国著名的药用菌。中国历代医药学家对香菇的药性及功用均有著述。

香菇肉质肥厚细嫩，味道鲜美，香气独特，营养丰富，是一种食药同源的食物，具有很高的营养、药用和保健价值。

二、营养知识

香菇是中国著名的食用菌，被人们誉为"菇中皇后"，在民间素有"山珍"之称，深受人们的喜爱，是不可多得的理想的保健食物。

香菇干品脂肪含量在 3% 左右，脂肪的碘值为 139，不饱和脂肪酸含量丰富，其中亚油酸、油酸含量达 90% 以上。香菇富含人体必需的脂肪酸，它不仅能降低血脂，还有助于降低血清胆固醇含量和抑制动脉血栓的形成。

三、养生知识

香菇不仅是人们理想的食品，而且具有一定的保健药用功能，越来越受到人们的重视。古代医药学家对香菇的药性及功用曾有著述，《本草纲目》认为香菇"甘、平、无毒"，《医林纂要》认为香菇"甘、寒""可托痘毒"。现代医药学研究成果表明，香菇具有许多重要的医药保健功能。

炒木樨肉

任务目标

（1）能掌握黑木耳、黄花菜的种类、产地信息、生长条件、营养知识，能合理搭配，能独立在案台或者荷台工作中运用合适技法处理原料。

（2）通过观摩教师示范与参与，掌握黑木耳、黄花菜的泡发、摘选，肉丝改刀切丝、腌制上浆、滑油、炒制及装盘等技术规范。

（3）能够按照行业岗位规范流程独立完成炒木樨肉，并完成菜肴的装盘。

任务导入

一、菜品介绍

木樨肉，也叫木须肉、苜蓿肉。炒木樨肉是一道常见的特色传统名菜，属八大菜系之一的鲁菜（孔府菜）。其菜以猪肉、鸡蛋与木耳等混炒而成，因炒鸡蛋色黄而碎，类似木樨而得名。

清代梁恭辰在其《北东园笔录三编》中记载："北方店中以鸡子炒肉，名木樨肉，盖取其有碎黄色也。"

据现有记载，木樨肉原出现于曲阜孔府菜单中，其原料除猪肉、鸡蛋和木耳外，还包括玉兰片。该菜传入北京等地后，由于北京一带缺乏竹笋，玉兰片逐渐为黄花菜、黄瓜片等取代。

二、课程思政

本任务中的木樨肉有一道主料在中国古代被称为顶级食材——黄花菜。黄花菜在中国古代被列为"草八珍"之一。黄花菜起源于中国南方，曾经风靡于宫廷贵族之间。然而，随着社会的发展和人们生活水平的提高，黄花菜已经成了普通百姓家中可见的盘中餐。

黄花菜能够成为我们盘中的日常菜，只因我们赶上了好时代，物质的丰富，让我们也可以品尝到只有古代贵族阶层才能吃到的美食，这不仅是时代的恩赐，也是我们现代人的幸福。

子任务 1 自主学习

（1）查阅资料，了解黑木耳、黄花菜的原料知识，从种类、选择整理、加工及保存方式等方面进行调研并做好笔记。

（2）观看口袋视频，了解制作步骤，并回答以下问题。

①黄花菜在摘选的时候需要注意什么？

②肉丝滑油时需要注意什么？

子任务 2　小组拼图

（1）我们采用小组拼图的方式开始今天的自主学习吧。你加入了哪个小组呢？请根据分组情况填写下面的表格吧！

序号	组别	组员	任务	任务小结
1	食神组		理顺炒木樨肉的制作流程	
2	文化组		调查黑木耳、黄花菜种植的历史、文化、食用方式等	
3	口诀组		制定炒木樨肉的制作口诀	
4	外联组		讨论制定本课程的主题活动	

（2）外联组公布了本课程的主题活动，请将本次的主题活动记录下来吧！

子任务 3　小师傅小试牛刀探工序

（1）填写炒木樨肉的制作表。

制作表

学生姓名		制作班级		授课教师		制作时间		制作地点	
菜肴名称									
英文菜名									

手绘稿					

原料名称、产地	用量/g	单价	单项成本
主料			
辅料			
调料			
燃料			
成本总额			
预计毛利率			

建议售价	每份	每例	每位	每斤

菜肴特点	色
烹饪方法	香
盛装器皿	味
售卖单位	形
预计时耗	烹饪时耗
切配时耗	合计时耗

制作方法

1.
2.
3.
4.
5.
6.
7.

营养成分

饮食禁忌

（2）试做炒木樨肉，记录自己的试做体验，并反馈遇到的难点。

（3）自我评价。

项目　　分数　　指标	标准时间/分	选料投料准确	配料合理	刀工处理正确	糊浆使用得当	火候适当	口味适中	色泽恰当	汤汁适宜	操作规范	节约卫生	合计
标准分（百分制）												
扣分												
实得分												

子任务 4　行家出手习诀窍

一、操作概述

（1）初加工：里脊肉改刀切丝，冷水浸泡；黑木耳、黄花菜用水泡发摘选改刀；肉丝漂洗干净，切葱段备用。

（2）腌制上浆：肉丝调味，下全蛋和淀粉等腌制上浆。

（3）滑油、炒制：用温油将肉丝滑炒后起锅备用；留底油，下黑木耳、黄花菜，加清水并调味，翻炒均匀，勾薄芡，下姜末、葱段炒匀即可装盘。

二、原料

主料：里脊肉。

辅料：鸡蛋、黑木耳、黄花菜。

调料：盐、白糖、味精、生姜、小葱、料酒、淀粉等。

三、初加工

❶❷里脊肉先片成 0.5 cm 厚的片，再切成肉丝，用冷水浸泡。

❸黑木耳、黄花菜泡发。黑木耳摘成小块。摘选均等长度的黄花菜改刀。

❹肉丝漂洗干净、控干水分待用。

❾切葱段备用。

四、腌制上浆

❺❻❼❽腌肉丝时依次加盐、味精、鸡蛋、淀粉，拌匀上浆。

五、滑油

❿⓫下底油，下浆好的肉丝，温油滑炒，当肉丝成形时起锅沥油。

六、炒制

⓬⓭留底油下黑木耳、黄花菜翻炒，加清水后，下盐、白糖、味精、料酒翻炒均匀，勾薄芡。

⓮下肉丝继续翻炒，最后下姜末、葱段炒匀。

七、装盘

⓯事先做好盘头，菜品自然堆放，最后用盘饰装饰即可。

八、操作重难点

（1）注意肉丝不能切得太粗。

（2）肉丝需要漂洗。

（3）滑油的时间不能长。

九、行家出手就是不一样，与你的同伴一起总结炒木樨肉的制作口诀

子任务 5　厨王争霸显本领

（1）观看了教师的示范操作，你一定心领神会了，来吧，与同学们比一比，看看今天谁是厨王！

（2）第二次制作炒木樨肉，你一定有了长足的进步！请记录你的感受。

子任务 6　温故而知新

一、选择题

（1）下列食材中木樨肉不含有的是（　　）。

A. 冬菇　　　　　　　　B. 鸡蛋　　　　　　　　C. 黄花菜　　　　　　　D. 黑木耳

（2）肉丝应用（　　）浸泡。

A. 温水　　　　　　　　B. 热水　　　　　　　　C. 冷水　　　　　　　　D. 沸水

（3）肉丝上浆时，淀粉的作用是使肉丝（　　）。

A. 更香　　　　　　　　B. 更嫩　　　　　　　　C. 更鲜　　　　　　　　D. 更亮

（4）滑油的诀窍是（　　）。

A. 热锅热油　　　　　　B. 冷锅热油　　　　　　C. 冷锅冷油　　　　　　D. 热锅冷油

（5）木樨肉中，木樨的原意是（　　）。

A. 一种中药材　　　　　　　　　　　　B. 一种黄色的植物花朵

C. 一种黑色菌类　　　　　　　　　　　D. 以上都不对

二、思考题

（1）泡发的黄花菜需要怎么加工？

（2）肉丝上浆时需要注意什么？

（3）你还有更有创意的摆盘方式吗？

子任务 7　主题活动

今天我们学习了制作炒木樨肉的方法，请根据子任务中的主题活动，将这美好的过程记录下来，同时也可以把制作的菜品拍成照片粘贴在空白处。

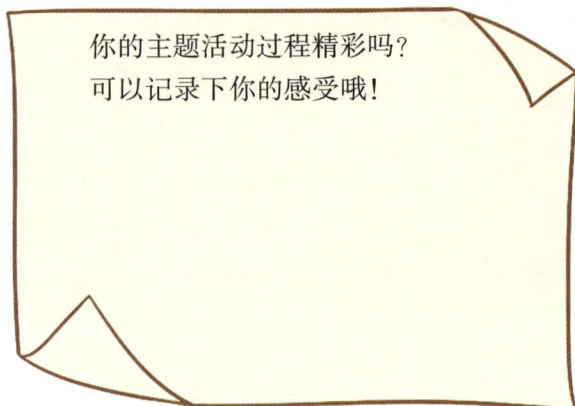

你的主题活动过程精彩吗？
可以记录下你的感受哦！

粘贴照片处

→ 知识拓展

一、原料知识

黑木耳又名黑菜、木耳、云耳，属木耳科木耳属，为我国珍贵的药食兼用胶质真菌，也是世界上公认的保健食品。我国是黑木耳的故乡，中华民族早在 4000 多年前的神农氏时代便认识、开发了黑木耳，并开始栽培、食用。《礼记》中也有关于帝王宴会上食用黑木耳的记载。黑木耳在我国的东北、华北、中南、西南及沿海各省份均有种植。

二、营养知识

自古以来黑木耳就是我国著名的食用菌和药用菌，为食用之上品，被誉为弥足珍贵的食用菌之王。黑木耳有降血脂、抗血栓、抗衰老、抗肿瘤等功能，无论是直接食用还是作为食品配方用料，都是一种较为理想的保健食品资源。

三、养生知识

中医认为，黑木耳性平，味甘，具有清肺润肠、滋阴补血、活血化瘀、明目养胃等功效，能用于治疗崩漏、痔疮、血痢、贫血及便秘等。同时它所含有的发酵素和植物碱可促进消化道和泌尿道腺体分泌，并协同分泌物催化结石，对胆结石、肾结石等有化解作用。

花酿香菇

任务目标

（1）能掌握干香菇种类、产地信息、生长条件、营养知识，能合理搭配，能独立在案台或者荷台工作中运用合适技法处理原料。

（2）通过观摩教师示范与参与，掌握干香菇的泡发、摘选，鱼糜的制作、蒸制及装盘等技术规范。

（3）能够按照行业岗位规范流程独立完成花酿香菇，并完成菜肴的装盘。

任务导入

一、菜品介绍

酿，是一种常见的烹饪技法，即将肉或其他配菜塞进蔬菜中，再进行煎制或蒸制，如酿香菇、酿辣椒等。通过酿制，食材之间的滋味可以相互渗透，也可以打造更多菜品造型。花酿香菇，是将鱼肉调味后搅拌成鱼糜，再将鱼糜涂抹在香菇上，最后蒸制而成。由于香菇与鱼肉滋味相互渗透，故成菜更加鲜美。

二、课程思政

中华美食源远流长，以香菇为代表的菌类在古老的中国就被端上了餐桌。早在周代，就有关于"菌"的文字描述。《列子》中记载着"朽壤之上，有菌芝者"，《庄子》中说"朝菌不知晦朔"，可见当时人们已经了解到菌的生长习性。1977年，浙江余姚河姆渡遗址发掘出与稻谷、酸枣等收集在一起的菌类遗存物，这说明，我国食用真菌的历史至少有六千年了。

子任务 1　自主学习

（1）查阅资料，了解香菇的原料知识，从种类、选择整理、加工及保存方式等方面进行调研并做好笔记。

（2）观看口袋视频，了解制作步骤，并回答以下问题。

①干香菇在泡发的时候需要注意什么？

②挂糊时需要注意什么？

子任务 2　小组拼图

（1）我们采用小组拼图的方式开始今天的自主学习吧。你加入了哪个小组呢？请根据分组情况填写下面的表格吧！

序号	组别	组员	任务	任务小结
1	食神组		理顺花酿香菇的制作流程	
2	文化组		调查香菇种植的历史、文化、食用方式等	
3	口诀组		制定花酿香菇的制作口诀	
4	外联组		讨论制定本课程的主题活动	

（2）外联组公布了本课程的主题活动，请将本次的主题活动记录下来吧！

子任务 3　小师傅小试牛刀探工序

（1）填写花酿香菇的制作表。

— 制作表 —

学生姓名	菜肴名称	手绘稿													
制作班级	英文菜名														
		原料名称、产地	主料		辅料			调料				燃料	成本总额		
授课教师															
制作时间		用量/g													
制作地点		单价														预计毛利率
		单项成本													

建议售价	每份	每例	每位	每斤
菜肴特点			色	
烹饪方法			香	
盛装器皿			味	
售卖单位			形	
预计时耗			烹饪时耗	
切配时耗			合计时耗	

制作方法	
1.	
2.	
3.	
4.	
5.	
6.	
7.	

营养成分	饮食禁忌

（2）试做花酿香菇，记录自己的试做体验，并反馈遇到的难点。

（3）自我评价。

指　标 　　分　数 项　目	标准 时间 /分	选料 投料 准确	配料 合理	刀工 处理 正确	糊浆 使用 得当	火候 适当	口味 适中	色泽 恰当	汤汁 适宜	操作 规范	节约 卫生	合计
标准分（百分制）												
扣分												
实得分												

子任务 4　行家出手习诀窍

一、操作概述

（1）初加工：干香菇用沸水泡发；青椒、红椒切成条状，再改刀成菱形片备用；生姜切片，小葱切段，用温水浸泡，制成葱姜水。

（2）制鱼糜：鱼肉去骨、去皮改刀成鱼丁并漂洗干净；鱼丁挤干水分，加入葱姜水搅拌，其间调味并加蛋清、水淀粉，制成鱼糜。

（3）蒸制：干香菇去蒂，挤出水分，先在香菇反面涂抹干淀粉，再涂上鱼糜；在鱼糜上贴上青、红椒片装饰；上锅蒸制后取出装盘；滑锅后，下生姜片、葱段炝锅后捞出；留底油下清水并调味，下水淀粉勾芡，淋在香菇上完成装盘。

二、原料

主料：干香菇。

辅料：鸡蛋、青椒、红椒、鱼肉。

调料：盐、白糖、味精、小葱、生姜、淀粉等。

三、初加工

❶取干香菇置于碗中；烧适量水，加入盐、味精，煮沸，将水倒入干香菇中泡发。

❹青椒、红椒去蒂去籽，切成宽约 2 mm 的条状，再切成小菱形片若干备用。

❺生姜切片，小葱切段，加温水浸泡放凉，制成葱姜水。

四、制鱼糜

❷鱼肉去骨，去皮取净肉，改刀。

❸切丁加清水漂净血水。

❻❼先用纱布滤出浸泡鱼丁的水分，再稍稍挤干。

❽将鱼丁倒入搅拌机中，倒入冷却后的葱姜水搅拌。

❾❿依次加入盐、味精、水淀粉、蛋清继续搅拌，制成鱼糜。

五、蒸制

⑪干香菇泡发后，剪去香菇蒂。

⑫用干毛巾将香菇包住，挤出水分。

⑬⑭在香菇反面涂抹上一层薄薄的干淀粉，再涂上鱼糜。注意，鱼糜不要涂太多，以免蒸制时膨胀溢出。

⑮在鱼糜上贴上青、红椒片，使青、红椒片呈兰花状，上锅蒸制 3～5 分钟取出。

六、淋汁装盘

⑯⑰下底油，下生姜片和葱段炝锅，再将葱姜捞出。

⑱⑲留底油，加清水、盐、白糖、味精煮沸，下水淀粉勾芡，调成芡汁淋在香菇上。

⑳将香菇置入摆好盘头的盘中即可。

七、操作重难点

（1）食材需为干香菇，不可用新鲜香菇。

（2）本菜品使用了葱姜水，也用到了葱姜炝锅，但菜品中只留下了葱姜味而不见葱姜。

（3）鱼丁和香菇都需要尽量挤干水分。

（4）蒸制时间不宜过长。

八、行家出手就是不一样，与你的同伴一起总结花酿香菇的制作口诀

子任务 5　厨王争霸显本领

（1）观看了教师的示范操作，你一定心领神会了，来吧，与同学们比一比，看看今天谁是厨王！

（2）第二次制作花酿香菇，你一定有了长足的进步！请记录你的感受。

子任务 6　温故而知新

一、选择题

（1）花酿香菇中，食用的肉糜是用（　　）制成的。

A. 鸡肉　　　　　　　　B. 鱼肉　　　　　　　　C. 猪肉　　　　　　　　D. 牛肉

（2）干香菇应用（　　）泡发。

A. 温水　　　　　　　　B. 热水　　　　　　　　C. 冷水　　　　　　　　D. 沸水

（3）葱姜水应用（　　）制取。

A. 温水　　　　　　　　B. 热水　　　　　　　　C. 冷水　　　　　　　　D. 沸水

（4）搅拌鱼糜的过程中添加蛋清的作用是使（　　）。

A. 肉质更香　　　　　　B. 肉质更鲜　　　　　　C. 肉质更嫩　　　　　　D. 以上都不对

（5）花酿香菇蒸制时间为（　　）。

A. 20 分钟　　　　　　　B. 15 分钟　　　　　　　C. 10 分钟　　　　　　　D. 3～5 分钟

二、思考题

（1）为什么不可使用新鲜香菇作为菜品的食材？

（2）葱姜水和葱姜炝锅的作用是什么？

扫码看答案

（3）鱼丁为什么需要挤干水分？

子任务 7　主题活动

今天我们学习了制作花酿香菇的方法，请根据子任务中的主题活动，将这美好的过程记录下来，同时也可以把制作的菜品拍成照片粘贴在空白处。

你的主题活动过程精彩吗？
可以记录下你的感受哦！

粘贴照片处

知识拓展

一、原料知识

干香菇是由鲜香菇经烤制等工艺加工而来的农产品。香菇具有极强的吸附性，必须单独贮存，即装贮香菇的容器不得混装其他物品，贮存香菇的库房不宜混贮其他物资。另外，不得用有气味挥发的容器或吸附有异味的容器装贮香菇。

香菇又名椎茸，原是生长在大自然环境下的野菌珍品，其营养丰富，口感鲜美细嫩，历来被人们视为席上佳肴。在香菇采摘后，将其烤制成干香菇，不但可以提升其附加值，而且易于保存。

二、营养知识

香菇素有"山珍"之称，宋朝就有将其列为贡品的文献记载，它也是我国民间筵席上不可缺少的"素中之荤"。日本人称香菇为"植物性食品的顶峰"，罗马人将其列为"上帝食品"。

三、养生知识

香菇营养丰富，对人体健康十分有益。食品专家分析，干香菇食用部分占整体的 72%，此外还含有较多的麦角甾醇及甘露醇等，经日光或紫外线照射，均可转变成维生素 D2，可增强人体免疫能力，并能帮助儿童骨骼和牙齿生长。据报道，香菇中有 30 多种酶，是纠正人体酶缺乏的独特食品。

模块六

果品类菜肴制作

扫码看课件

导入

　　果品类菜肴是采用时令鲜果及坚果搭配合适的肉类、蔬菜，施以各种烹饪技法，佐入油盐酱醋等调味品，烩制出的风味独特的菜品。果品类中餐菜肴早有记载，《黄帝内经·素问》中说："五谷为养，五果为助，五畜为益，五菜为充。"我们的祖先制定了饮食调养原则，水果作为食物的辅助、菜品的配菜，直至今日仍可作为我们科学配膳的指引。本模块以拔丝苹果、上霜花仁两种热菜为例对果品类菜肴的制作进行讲解。

拔丝苹果

（1）能掌握苹果种类、产地信息、生长条件、营养知识，能合理搭配，能独立在案台或者荷台工作中运用合适技法处理原料。

（2）通过观摩教师示范与参与，掌握苹果的改刀、防氧化，制全蛋糊、熬糖、拔丝及装盘等技术规范。

（3）能够按照行业岗位规范流程独立完成拔丝苹果，并完成菜肴的装盘。

任务导入

一、菜品介绍

拔丝菜，又叫拉丝菜，其特点为金黄透亮、金丝连绵不断、甜脆鲜嫩，是中高档筵席中不可缺少的佳肴，同时也能为普通餐桌增添一份情趣。苹果口感脆甜，裹上糖浆后，快速冷却，可形成一层琥珀色的糖衣和糖丝，令人食欲大开。

二、课程思政

电影《上甘岭》连长原型——抗美援朝英雄张计发和一个苹果的故事。

1952 年 10 月原志愿军第 15 军 45 师 135 团 7 连连长张计发带着 160 多人投入上甘岭战役中。经过几番激烈的战斗全连只剩下 8 人，战士们极度缺水。

由于敌军火力封锁，通往后方的三里路内，找不到一滴水。为了保证通话，步话机员甚至急得直打自己的嘴巴，为的是用打出的血滋润喉咙以保证能够与上级联系。

傍晚，火线运输员带来了一个救命的苹果。但谁也没舍得吃，苹果愣是在每个人手中传了一圈又回到了张计发手里。

看着苹果心酸到不行的张计发只好带头咬下一小口又往下传，大声说道：

"必须吃，这是命令！"

就这样一个小小的苹果一人一口，转了三圈才吃完。

张计发的女儿曾说：

"我也是在父亲讲了这个故事后才知道他以前为什么总是小口小口吃苹果，为什么吃着吃着还会掉眼泪……"

子任务 1　自主学习

（1）查阅资料，了解苹果的原料知识，从种类、选择整理、加工及保存方式等方面进行调研并做好笔记。

（2）观看口袋视频，了解制作步骤，并回答以下问题。

①苹果改刀后为什么要放在盐水中浸泡？

②炸制时需要注意什么？

口袋视频

子任务 2　小组拼图

（1）我们采用小组拼图的方式开始今天的自主学习吧。你加入了哪个小组呢？请根据分组情况填写下面的表格吧！

序号	组别	组员	任务	任务小结
1	食神组		理顺拔丝苹果的制作流程	
2	文化组		调查苹果种植的历史、文化、食用方式等	
3	口诀组		制定拔丝苹果的制作口诀	
4	外联组		讨论制定本课程的主题活动	

（2）外联组公布了本课程的主题活动，请将本次的主题活动记录下来吧！

子任务 3　小师傅小试牛刀探工序

（1）填写拔丝苹果的制作表。

Note

230

— 制作表 —

学生姓名		制作班级		授课教师		制作时间		制作地点		单项成本
菜肴名称		英文菜名		原料名称、产地		用量/g		单价		
手绘稿				主料						
				辅料						
				调料						
				燃料						
				成本总额						预计毛利率

建议售价	每份	每例	每位	每斤

菜肴特点		色	
烹饪方法		香	
盛装器皿		味	
售卖单位		形	
预计时耗		烹饪时耗	
切配时耗		合计时耗	

制作方法
1.
2.
3.
4.
5.
6.
7.

营养成分	
饮食禁忌	

（2）试做拔丝苹果，记录自己的试做体验，并反馈遇到的难点。

（3）自我评价。

项目　　　分数　　　指标	标准时间/分	选料投料准确	配料合理	刀工处理正确	糊浆使用得当	火候适当	口味适中	色泽恰当	汤汁适宜	操作规范	节约卫生	合计
标准分（百分制）												
扣分												
实得分												

子任务 4　行家出手习诀窍

一、操作概述

（1）初加工：苹果削皮去核改刀成块；放入稀盐水中浸泡；在苹果块中加入面粉，摇拌均匀，筛去多余的面粉。

（2）制全蛋油酥糊：按顺序加入鸡蛋、少许盐、面粉，调稠后，再加适量淀粉和清油拌匀；将油酥糊倒入苹果块中拌匀。

（3）炸制：油温四成，将裹上糊的苹果块下锅炸至表面呈浅黄色捞出，再将油温升至六成热，炸至表面呈金黄色捞出。

（4）熬糖、炒制：留底油，加入白糖熬成糖稀，倒入炸好的苹果块，快速推颠翻锅，裹匀后快速装盘即可。

二、原料

主料：苹果。

辅料：鸡蛋、面粉、淀粉。

调料：盐、白糖、糖粉、食用油等。

三、初加工

❶❷苹果削皮去核改刀，切成约 2 cm × 3 cm 的块。

❸苹果块泡入稀盐水中，隔氧护色。

❹在苹果块中加入适量面粉。

❺摇拌均匀，并筛去多余面粉，备用。

四、制全蛋油酥糊

❻❼❽❾按顺序加鸡蛋、少许盐、面粉，调稠后，再加适量淀粉和清油拌匀。

❿⓫将油酥糊倒入苹果块中，拌匀备用。

五、炸制、炒制

⑫⑬净锅烧清油至四成，将裹上糊的苹果块逐块入锅下炸，待苹果块表面呈浅黄色全部捞出，清除糊渣。

⑭将油温提升至六成热，将初炸的苹果块倒入油锅中复炸，待苹果块表面呈金黄色后倒出沥油。

⑮在盛盘盘面上撒上少许糖粉，避免果块粘盘。

⑯⑰原锅上火，留少许底油，加入适量白糖用炒勺不停炒扒，至白糖融化成糖稀状。

⑱倒入炸好的苹果块，快速推颠翻锅，使糖稀均匀地裹在苹果块表面。

六、装盘

⑲装盘时需要迅速，避免糖稀硬化。

七、操作重难点

（1）切块裹粉须使用面粉，拌匀并筛出多余面粉。

（2）注意调制全蛋油酥糊的投料顺序及浓稠度。

（3）掌握火候及火力大小调控，可采取上火—离火—上火—离火的方法熬糖。

（4）熬糖、炒制时空锅上火，底油不可过多，只能微量。否则糖稀形成后过多的油浮在糖稀上，苹果块倒进锅后与糖稀不相粘连，导致失败。

八、行家出手就是不一样，与你的同伴一起总结拔丝苹果的制作口诀

子任务 5 　厨王争霸显本领

（1）观看了教师的示范操作，你一定心领神会了，来吧，与同学们比一比，看看今天谁是厨王！

（2）第二次制作拔丝苹果，你一定有了长足的进步！请记录你的感受。

子任务 6 　温故而知新

一、选择题

（1）拔丝苹果所用的糖为（　　）。

A. 白糖　　　　　　　　B. 绵白糖　　　　　　　C. 红糖　　　　　　　D. 黑糖

（2）改刀后的苹果块放置在盐水中浸泡的作用是（　　）。

A. 使苹果更甜　　　　　　　　　　　　B. 使苹果更脆

C. 使苹果不被氧化变色　　　　　　　　D. 以上都不对

（3）苹果块裹粉时，是使用（　　）。

A. 淀粉　　　　　　　　B. 糖粉　　　　　　　　C. 面包糠　　　　　　D. 面粉

（4）制全蛋油酥糊的投料顺序是（　　）。

A. 鸡蛋—盐—面粉—淀粉—清油　　　　B. 鸡蛋—盐—淀粉—面粉—清油

C. 鸡蛋—面粉—淀粉—盐—清油　　　　D. 鸡蛋—淀粉—面粉—盐—清油

（5）复炸苹果块的油温是（　　）。

A. 四成热　　　　　　　B. 五成热　　　　　　　C. 六成热　　　　　　D. 七成热

二、思考题

（1）苹果块裹粉时为什么不能用淀粉？

扫码看答案

（2）制全蛋油酥糊的投料顺序是什么？

（3）熬糖时需注意什么？

子任务 7　主题活动

今天我们学习了制作拔丝苹果的方法，请根据子任务中的主题活动，将这美好的过程记录下来，同时也可以把制作的菜品拍成照片粘贴在空白处。

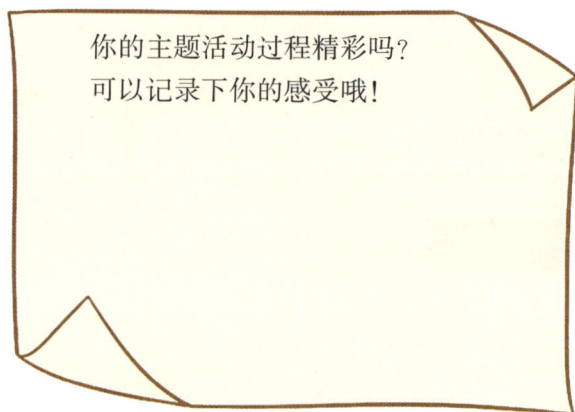

你的主题活动过程精彩吗？
可以记录下你的感受哦！

粘贴照片处

→ 知识拓展

一、原料知识

苹果，蔷薇科苹果属落叶乔木植物，茎干较高，小枝短而粗，呈圆柱形；叶片椭圆形，表面光滑，边缘有锯齿，叶柄粗壮；花朵较小呈伞状，淡粉色，表面有绒毛；果实较大，呈扁球形，果梗短粗；花期5月；果期7—10月。苹果一词最早见于明代王世懋的《学圃杂疏》，"北土之苹婆果，即花红一种之变也"。

二、营养知识

苹果口味酸甜，进食后可以刺激唾液、胃酸分泌，有助于缓解口渴症状，还可以增进食欲、促进消化。苹果中含有丰富的果胶，能够促进胃肠道蠕动，还能吸附肠道内的有害物质，调节胃肠道菌群。苹果可增加饱腹感，热量较低，适合减肥的人群。苹果中含有的维生素C、维生素E，能够减少黑色素生成、延缓衰老，有美容养颜的功效。

三、养生知识

《滇南本草》记载苹果"生津、润肺、解暑、开胃、醒酒，可治筋骨疼痛等"。苹果是营养水果，素有水果之王的美誉。西方传统膳食观念认为，一天一个苹果可以不用看医师，西方有些国家的一些人还把苹果作为减肥瘦身的必备品。

上霜花仁

（1）能掌握花生种类、产地信息、生长条件、营养知识，能合理搭配，能独立在案台或者荷台工作中运用合适技法处理原料。

（2）通过观摩教师示范与参与，掌握熬糖，花生的盐炒、上霜及装盘等技术规范。

（3）能够按照行业岗位规范流程独立完成上霜花仁，并完成菜肴的装盘。

任务导入

一、菜品介绍

上霜亦称糖粘、挂霜或返砂，是指原料经初加工后，放入用水熬制而成的糖浆中离火拌匀，并使糖浆再度结晶，在菜肴表面凝成一层洁白糖霜的烹调方法。上霜的菜肴以洁白如雪、质感脆嫩、香酥化渣等特点一直备受食客的青睐。但上霜菜肴在制作上技术性要求较高，难度较大，特别是对于火候的控制，故在行内被称为"功夫菜""技巧菜"。操作者能够正确掌握好糖在整个烹调过程中所发生的一系列理化变化是上霜的制作关键。

二、课程思政

1960年，周恩来提出要和北京人艺演职员一起过除夕。那晚，周恩来偕邓颖超同李先念、陈毅等同志一道来到首都剧场。

那天，周恩来特意从家里带来酒和花生米摆在桌上，这些东西在当时很珍贵，大家谁也不敢动。周恩来就大声说："来，来，大家都来吃嘛！"大家还是有些拘谨，一位姑娘伸手抓了一小把花生米，被一位老演员瞪了一眼，姑娘顿时红了脸，又送回桌上。

周恩来见状笑着道："哎，年轻人正是长身体的时候，要多吃一些嘛，这些就是拿来给大家吃的嘛！"一句话就让气氛缓解下来，大家纷纷放下拘束，高高兴兴地吃起来。

子任务 1　自主学习

（1）查阅资料，了解花生的原料知识，从种类、选择整理、加工及保存方式等方面进行调研并做好笔记。

（2）观看口袋视频，了解制作步骤，并回答以下问题。
①花生为什么要用盐炒？

②熬糖时需要注意什么？

子任务 2　小组拼图

（1）我们采用小组拼图的方式开始今天的自主学习吧。你加入了哪个小组呢？请根据分组情况填写下面的表格吧！

序号	组别	组员	任务	任务小结
1	食神组		理顺上霜花仁的制作流程	
2	文化组		调查花生种植的历史、文化、食用方式等	
3	口诀组		制定上霜花仁的制作口诀	
4	外联组		讨论制定本课程的主题活动	

（2）外联组公布了本课程的主题活动，请将本次的主题活动记录下来吧！

子任务 3　小师傅小试牛刀探工序

（1）填写上霜花仁的制作表。

— 制作表 —

学生姓名		制作班级		授课教师		制作时间		制作地点	
菜肴名称		英文菜名							单项成本

手绘稿									

	原料名称、产地	用量/g	单价	单项成本
主料				
辅料				
调料				
燃料				
成本总额				
预计毛利率				

每斤							
每位		色	香	味	形	烹饪时耗	合计时耗
每例							
每份							
建议售价		菜肴特点	烹饪方法	盛装器皿	售卖单位	预计时耗	切配时耗
制作方法	1.	2.	3.	4.	5.	6.	7.

营养成分	饮食禁忌

（2）试做上霜花仁，记录自己的试做体验，并反馈遇到的难点。

（3）自我评价。

项目＼分数＼指标	标准时间/分	选料投料准确	配料合理	刀工处理正确	糊浆使用得当	火候适当	口味适中	色泽恰当	汤汁适宜	操作规范	节约卫生	合计
标准分（百分制）												
扣分												
实得分												

子任务 4　行家出手习诀窍

一、操作概述

（1）初加工：盐炒热，下花生米，将花生米的水分烘干；筛盐，花生米去皮。

（2）熬糖、裹糖：锅中给少量水，下白糖熬制，不停搅拌，熬成糖稀；下花生仁裹匀，离火快速降温，撒上糖粉即可出锅装盘。

二、原料

原料：花生米。

辅料：盐、白糖、糖粉等。

三、初加工

❶将盐炒热。

❷❸下花生米，用盐的热量将花生米的水分烘干。

❹❺当花生米能用手轻易掰成两半时，起锅筛去盐。

❻将花生皮去掉，留下花生仁备用。

四、熬糖

❼锅中给少量水，下白糖熬制，不停搅拌。

❽根据锅铲中滴下的糖汁来判断其黏稠程度。

五、裹糖

❾❿当糖汁逐渐浓稠且变成淡黄色时，下花生仁，快速翻拌裹匀。

⓫⓬在锅底放上加冷水的容器，使锅快速降温，促使糖汁快速凝结。

⓭⓮炒散花生仁，撒上少许糖粉即可出锅。

六、装盘

⓯⓰器皿中用绿植、果粒装饰可起到增进菜品整体色彩的作用。

七、操作重难点

（1）花生米去皮时尽量使其保持完整。

（2）熬糖时需要把握好糖汁的黏稠程度。

八、行家出手就是不一样，与你的同伴一起总结上霜花仁的制作口诀

子任务 5　厨王争霸显本领

（1）观看了教师的示范操作，你一定心领神会了，来吧，与同学们比一比，看看今天谁是厨王！

（2）第二次制作上霜花仁，你一定有了长足的进步！请记录你的感受。

子任务 6　温故而知新

一、选择题

（1）上霜花仁所用的糖为（　　）。

A. 白糖　　　　　　　　B. 绵白糖　　　　　　　C. 红糖　　　　　　　D. 黑糖

（2）用盐炒花生米的主要作用是（　　）。

A. 容易脱皮　　　　　　B. 保持水分　　　　　　C. 烘干水分　　　　　D. 以上都不对

（3）熬糖时需要不停搅拌是因为可（　　）。

A. 使糖化得更快　　　　B. 防止粘锅　　　　　　C. 使糖容易凝结　　　D. 以上都不对

（4）糖熬制时可以下花生米的依据是（　　）。

A. 糖汁清澈　　　　　　B. 糖汁变白　　　　　　C. 糖汁变黑　　　　　D. 糖汁变黄

（5）在锅底放置加冷水的容器的作用是（　　）。

A. 均匀降温　　　　　　B. 快速降温　　　　　　C. 缓慢降温　　　　　D. 保持温度

二、思考题

（1）花生仁去皮时需要注意什么？

（2）怎样判断糖汁的黏稠程度？

（3）在锅底放上加冷水的容器的目的是什么？

子任务 7　主题活动

今天我们学习了制作上霜花仁的方法，请根据子任务中的主题活动，将这美好的过程记录下来，同时也可以把制作的菜品拍成照片粘贴在空白处。

你的主题活动过程精彩吗？
可以记录下你的感受哦！

粘贴照片处

知识拓展

一、原料知识

花生，豆科落花生属一年生草本植物，根部具根瘤；茎直立或匍匐，有棱；托叶被毛，小叶卵状长圆形或倒卵形，先端钝，基部近圆，全缘；花冠为黄色或金黄色；花柱伸出萼管外；荚果长，膨胀，果皮厚；花期6—7月；果期9—10月。花生开花受精之后，子房要落到黑暗的地里暗暗地生长结果，因此又得名落花生。

二、营养知识

花生的含氮物质除蛋白质外，还有氨基酸，如 γ－亚甲基谷氨酸、γ－氨基－α－亚甲基－丁酸、卵磷脂、嘌呤和生物碱（如花生碱、甜菜碱、胆碱），也有人认为花生碱实际上是不纯的胆碱。

三、养生知识

《本经逢原》："长生果，能健脾胃，饮食难消者宜之。或云与黄瓜相反，予曾二者并食，未蒙其害，因表出之。"

《本草求真》："花生，按书言此香可舒脾，辛可润肺，诚佳品也，然云炒食无害，论亦未周。盖此气味虽纯，既不等于胡桃肉之热，复不类乌芋、菱角之凉，食则清香可爱，适口助茗，最为得宜。第此体润质滑，施于体燥坚实则可，施于体寒湿滞，中气不运，恣啖不休，保无害脾滑肠之弊乎？仍当从其体气以为辨别，则得之矣。"

模块七

豆制品类菜肴制作

扫码看课件

导入

豆制品是以大豆、小豆、青豆、豌豆、蚕豆等豆类为主要原料，经加工而成的食品。大多数豆制品是大豆的豆浆凝固而成的豆腐及其再制品。中国是大豆的故乡，中国栽培大豆已有五千年的历史，同时也是最早研发生产豆制品的国家。中国古代利用各种豆类创制了许多广为流传的豆制品，如豆腐、豆腐丝、腐乳、豆浆、豆豉、酱油、豆肠、豆筋、豆鱼等。本模块以家常豆腐、芹菜千张肉丝、红烧面筋、蓑衣干子、干煸千张筒五种热菜为例对豆制品类菜肴的制作进行讲解。

家常豆腐

（1）能掌握豆腐种类、产地信息、生长条件、营养知识，能合理搭配，能独立在案台或者荷台工作中运用合适技法处理原料。

（2）通过观摩教师示范与参与，掌握豆腐改刀、炸制、烧制及装盘等技术规范。

（3）能够按照行业岗位规范流程独立完成家常豆腐，并完成菜肴的装盘。

一、菜品介绍

家常豆腐，是一道以豆腐、猪肉作为主要食材，以黑木耳、青红椒为辅料制作而成的老少皆宜的美味食品，豆香四溢，味道浓郁。其中含有铁、钙、磷、镁等人体必需的多种微量元素，还含有糖类、植物油和丰富的优质蛋白。

二、课程思政

豆腐是我们的"国菜"，亦是最为国人喜爱的大众菜。相传西汉淮南王刘安之母喜食黄豆，一次其母病重不能吃整粒黄豆，刘安便让人把黄豆磨成粉，但怕粉太干，便冲入些水熬成豆乳，又怕味淡，再放些盐卤，结果豆乳凝结成块，便成了现在的豆腐花。

近代小说家徐卓呆，曾为文史学家郑逸梅纪念册题诗，以豆腐明志："为人之道，须如豆腐，方正洁白，可荤可素。"豆腐不仅好看好吃，还可引以为鉴，我们做人也要像那豆腐一样，留得清白在人间，方方正正立于世。

子任务 1　自主学习

（1）查阅资料，了解豆腐的原料知识，从种类、选择整理、加工及保存方式等方面进行调研并做好笔记。

（2）观看口袋视频，了解制作步骤，并回答以下问题。

①软软的豆腐该怎么切？

②烧制时需要注意什么？

子任务 2 小组拼图

（1）我们采用小组拼图的方式开始今天的自主学习吧。你加入了哪个小组呢？请根据分组情况填写下面的表格吧！

序号	组别	组员	任务	任务小结
1	食神组		理顺家常豆腐的制作流程	
2	文化组		调查豆腐的历史、文化、食用方式等	
3	口诀组		制定家常豆腐的制作口诀	
4	外联组		讨论制定本课程的主题活动	

（2）外联组公布了本课程的主题活动，请将本次的主题活动记录下来吧！

子任务 3 小师傅小试牛刀探工序

（1）填写家常豆腐的制作表。

— 制作表 —

学生姓名	制作班级		授课教师	制作时间		制作地点		
菜肴名称	英文菜名	原料名称、产地			用量/g	单价	单项成本	
手绘稿		主料						
		辅料						
		调料						
		燃料						
		成本总额						预计毛利率

每斤						
每位		色	香	味	形	烹饪时耗	合计时耗
每例						
每份						
建议售价		菜肴特点	烹饪方法	盛装器皿	售卖单位	预计时耗	切配时耗
制作方法						
						营养成分	饮食禁忌
1.	2.	3.	4.	5.	6.	7.

（2）试做家常豆腐，记录自己的试做体验，并反馈遇到的难点。

（3）自我评价。

项目 \ 指标（分数）	标准时间/分	选料投料准确	配料合理	刀工处理正确	糊浆使用得当	火候适当	口味适中	色泽恰当	汤汁适宜	操作规范	节约卫生	合计
标准分（百分制）												
扣分												
实得分												

子任务 4 行家出手习诀窍

一、操作概述

（1）初加工：黑木耳泡发后，撕成小片；豆腐改刀成三角形；青椒、红椒改刀成菱形片；生姜、蒜头、小葱切末备用；豆瓣酱剁碎备用。

（2）炸制、焯水：五、六成热油温将豆腐炸至两面金黄；青椒片、红椒片、黑木耳焯水备用。

（3）烧制：给底油，下猪肉末炒散至酥香，下豆瓣酱、姜末、蒜末等炒香；下清水、豆腐，调味；下青椒片、红椒片、黑木耳烧制；勾芡、淋香油起锅装盘。

二、原料

原料：豆腐。

辅料：猪肉末、黑木耳、青椒、红椒。

调料：盐、味精、生抽、料酒、蚝油、豆瓣酱、香油、水淀粉、小葱、生姜、蒜头等。

三、初加工

①②黑木耳用水泡发，撕成小片备用。

③④豆腐改刀成 1.5 cm 厚片，再切成三角形备用。

⑤⑥青椒、红椒去蒂去籽，改刀成菱形片。生姜、蒜头、小葱切末备用。

⑦豆瓣酱剁碎备用。

四、炸制、焯水

⑧油温烧至五、六成热，下豆腐块炸制。

⑨待金黄色时捞出备用。

⑩烧适量水，下青椒片、红椒片、黑木耳焯水备用。

五、烧制

⑪给底油，下猪肉末炒散至酥香。

⑫⑬下料酒、豆瓣酱、姜末、蒜末炒匀。

⑭⑮加适量清水，放入豆腐烧制。依次放生抽、蚝油、盐、味精调味。

⑯下青椒片、红椒片、黑木耳一起烧制。

⑰⑱给水淀粉勾芡，淋香油。炒匀后装盘。

六、操作重难点

（1）切豆腐时注意不要将豆腐弄破损，炸制时要注意油温。

（2）炒猪肉末时，注意油温，不要粘锅。

（3）豆瓣酱要炒出红油，肉末要炒至酥香。

七、行家出手就是不一样，与你的同伴一起总结家常豆腐的制作口诀

子任务 5　厨王争霸显本领

（1）观看了教师的示范操作，你一定心领神会了，来吧，与同学们比一比，看看今天谁是厨王！

（2）第二次制作家常豆腐，你一定有了长足的进步！请记录你的感受。

子任务 6　温故而知新

一、选择题

（1）家常豆腐所用的肉末为（　　）。

A. 猪肉　　　　　　　B. 羊肉　　　　　　　C. 牛肉　　　　　　　D. 鱼肉

（2）黑木耳使用（　　）泡发。

A. 冷水　　　　　　　B. 温水　　　　　　　C. 热水　　　　　　　D. 沸水

（3）豆腐改刀的厚度为（　　）。

A. 0.5 cm　　　　　　B. 1 cm　　　　　　　C. 1.5 cm　　　　　　D. 2 cm

（4）炸制豆腐的油温为（　　）。

A. 三、四成热　　　　B. 四、五成热　　　　C. 五、六成热　　　　D. 七、八成热

（5）豆腐是由（　　）制成的。

A. 青豆　　　　　　　B. 鹰嘴豆　　　　　　C. 蚕豆　　　　　　　D. 黄豆

二、思考题

（1）切豆腐和炸豆腐时需要注意什么？

（2）炒猪肉末时需要注意什么？

扫码看答案

（3）炒制猪肉末的标准是什么？

子任务 7 **主题活动**

今天我们学习了制作家常豆腐的方法，请根据子任务中的主题活动，将这美好的过程记录下来，同时也可以把制作的菜品拍成照片粘贴在空白处。

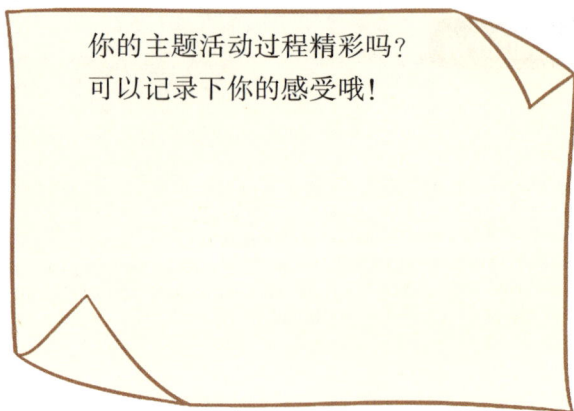

你的主题活动过程精彩吗？
可以记录下你的感受哦！

粘贴照片处

知识拓展

一、原料知识

豆腐是一种营养丰富又历史悠久的食材，大众对豆腐的喜爱推动了豆腐制作工艺的前进和发展。豆腐主要的生产过程一是制浆，即将大豆制成豆浆；二是凝固成形，即豆浆与凝固剂在加热的条件下共同作用凝固成含有大量水分的凝胶体，即豆腐。

2014 年，"豆腐传统制作技艺"入选中国第四批国家级非物质文化遗产代表性项目名录，这道神奇的中国美食在商品价值之外，被赋予了更多的文化内涵和传承意义。

二、营养知识

豆腐内含人体必需的多种微量元素，还含有丰富的优质蛋白，素有"植物肉"之美称。豆腐的消化吸收率在95%以上，这样的健康食品一直深受大家的喜爱，但要想更好地发挥豆腐的营养价值，还需要注意做好搭配。

三、养生知识

豆腐为补益清热养生食品，常食可补中益气、清热润燥、生津止渴、清洁肠胃。豆腐更适宜热性体质、口臭口渴、肠胃不清、热病后调养者食用。现代医学证实，豆腐除有增加营养、帮助消化、增进食欲的功能外，对牙齿、骨骼的生长发育也颇为有益。

芹菜千张肉丝

任务目标

（1）能掌握千张皮、芹菜种类、产地信息、生长条件、营养知识，能合理搭配，能独立在案台或者荷台工作中运用合适技法处理原料。

（2）通过观摩教师示范与参与，掌握千张皮上浆、猪肉滑炒及菜品的炒制及装盘等技术规范。

（3）能够按照行业岗位规范流程独立完成芹菜千张肉丝，并完成菜肴的装盘。

任务导入

一、菜品介绍

北方地区称干豆腐；鄂、赣、皖地区称为千张；湖南岳阳称千浆皮子。千张的制作过程：一般是将煮熟的豆浆一层层浇在布上，然后用重物压制（有方言名曰"榨"）以脱去部分水分，最后剥去浇千张所用的布。千张是豆制品，与芹菜、肉丝合炒，是一道典型的家常风味美食。

二、课程思政

光绪十一年（公元 1885 年）编纂成书的《武昌县志》中记载："有豆腐，嫩者为豆腐脑，以布夹之，旋压干者，为豆腐皮。金牛镇制者薄而鲜，卷而干之为烂腐皮，味尤美。"短短几句话，说出了千张的"身世"。

2012 年，金牛千张成为黄石市级非物质文化遗产项目，2018 年，有着"千张皇后"之称的石丽涛成为金牛千张制作技艺黄石市级代表性传承人。

子任务 1　自主学习

（1）查阅资料，了解千张的原料知识，从种类、选择整理、加工及保存方式等方面进行调研并做好笔记。

（2）观看口袋视频，了解制作步骤，并回答以下问题。

①猪腿肉为什么需要冷冻后再切丝？

②辅料为什么要切成条？

子任务 2　小组拼图

（1）我们采用小组拼图的方式开始今天的自主学习吧。你加入了哪个小组呢？请根据分组情况填写下面的表格吧！

序号	组别	组员	任务	任务小结
1	食神组		理顺芹菜千张肉丝的制作流程	
2	文化组		调查千张的历史、文化、食用方式等	
3	口诀组		制定芹菜千张肉丝的制作口诀	
4	外联组		讨论制定本课程的主题活动	

（2）外联组公布了本课程的主题活动，请将本次的主题活动记录下来吧！

子任务 3　小师傅小试牛刀探工序

（1）填写芹菜千张肉丝的制作表。

制作表

学生姓名		制作班级		授课教师		制作时间		制作地点	
菜肴名称		英文菜名							

	原料名称、产地	用量/g	单价	单项成本
主料				
辅料				
调料				
燃料				
成本总额				
预计毛利率				

手绘稿

每斤						
每位		色	香	味	形	烹饪时耗	合计时耗
每例						
每份						
建议售价		菜肴特点	烹饪方法	盛装器皿	售卖单位	预计时耗	切配时耗
制作方法	1.	2.	3.	4.	5.	6.	7.

营养成分

饮食禁忌

（2）试做芹菜千张肉丝，记录自己的试做体验，并反馈遇到的难点。

（3）自我评价。

项　目　　分　数　　指　标	标准时间/分	选料投料准确	配料合理	刀工处理正确	糊浆使用得当	火候适当	口味适中	色泽恰当	汤汁适宜	操作规范	节约卫生	合计
标准分（百分制）												
扣分												
实得分												

子任务 4　行家出手习诀窍

一、操作概述

（1）初加工：猪后腿瘦肉冷冻后切丝，用清水浸泡并漂洗干净，沥干水分；调味并腌制上浆；芹菜切成段，千张、红椒切成丝，姜蒜切末、小葱切段备用。

（2）滑炒、焯水：四成热油温滑炒肉丝；烧水下千张丝、红椒丝、芹菜段，焯水断生。

（3）炒制、装盘：给底油，下姜蒜末爆香；下芹菜段、肉丝、红椒丝、千张丝翻炒，调味，勾芡后炒匀起锅装盘。

二、原料

主料：千张皮、芹菜、猪后腿瘦肉。

辅料：鸡蛋、红椒。

调料：盐、白糖、味精、生抽、料酒、蚝油、小葱、生姜、蒜头、水淀粉等。

三、初加工

❶猪后腿瘦肉冷冻后切成宽约 0.5 cm 的肉丝。

❷用清水浸泡漂洗，沥干水分。

❸❹❺❻❼下盐、味精抓揉均匀，下料酒、生抽、蛋清、清油进行上浆。

❽❾❿芹菜切段，千张、红椒切成 0.5 cm 宽的丝。

⓫姜蒜切末备用。

⓬小葱切段。

四、滑炒、焯水

⓭油烧至四成热，下肉丝并滑散，起锅。

⓮烧水下千张丝、红椒丝、芹菜段焯水，煮沸后关火捞出。

五、烧制、装盘

⓯给底油，下姜蒜末爆香。

⓰下芹菜段、肉丝、红椒丝、千张丝翻炒，依次给盐、白糖、味精等调味。

⓱⓲给水淀粉勾芡后炒匀，撒上葱花起锅装盘。

六、操作重难点

（1）猪肉适当冷冻后比较容易切成宽窄一致的肉丝。

（2）肉丝滑油时注意油温。

七、行家出手就是不一样，与你的同伴一起总结芹菜千张肉丝的制作口诀

子任务 5　厨王争霸显本领

（1）观看了教师的示范操作，你一定心领神会了，来吧，与同学们比一比，看看今天谁是厨王！

（2）第二次制作芹菜千张肉丝，你一定有了长足的进步！请记录你的感受。

子任务 6　温故而知新

扫码看答案

一、选择题

（1）芹菜千张肉丝所用的肉丝为（　　）。

A. 猪肉　　　　　　　B. 羊肉　　　　　　　C. 牛肉　　　　　　　D. 鱼肉

（2）所有的主料、辅料改刀后应宽窄统一为（　　）。

A. 0.2 cm　　　　　　B. 0.5 cm　　　　　　C. 0.8 cm　　　　　　D. 1 cm

（3）滑炒时候的油温应控制在（　　）。

A. 六成热　　　　　　B. 五成热　　　　　　C. 四成热　　　　　　D. 三成热

（4）肉丝滑油的作用是（　　）。

A. 更香　　　　　　　B. 更脆　　　　　　　C. 更入味　　　　　　D. 更嫩

（5）以下关于肉丝腌制上浆的说法，不正确的是（　　）。

A. 腌制是为了保持肉丝水分　　　　　　B. 腌制可以使肉丝更滑嫩

C. 下料酒的作用是让肉丝更入味　　　　D. 用清油是为了保持肉丝的水分

二、思考题

（1）肉丝上浆需要注意什么？

（2）肉丝滑油时的油温控制在什么范围合适？为什么？

Note

（3）你还有更有创意的摆盘方式吗？

子任务 7　主题活动

今天我们学习了制作芹菜千张肉丝的方法，请根据子任务中的主题活动，将这美好的过程记录下来，同时也可以把制作的菜品拍成照片粘贴在空白处。

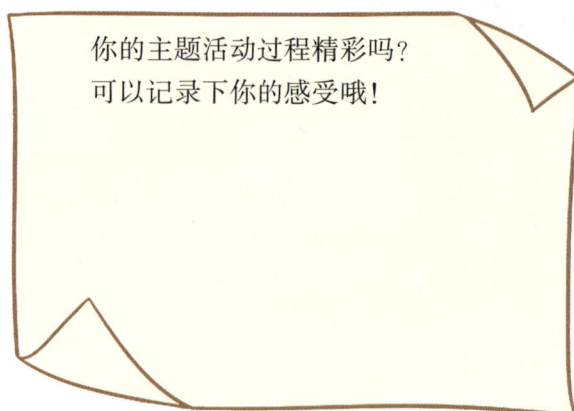

你的主题活动过程精彩吗？
可以记录下你的感受哦！

粘贴照片处

知识拓展

一、原料知识

芹菜，属伞形科植物，品种繁多，在我国有着悠久的种植历史和大范围的种植面积，是中国人常吃的蔬菜之一。中国南北各省区均有栽培。芹菜分布于欧洲、亚洲、非洲及美洲。供作蔬菜。果实可提取芳香油，作调合香精。喜温暖及阳光充足的环境，喜湿润，耐旱，耐瘠，较耐寒，喜疏松、肥沃的壤土。生长适温 15 ~ 28℃。

二、营养知识

芹菜是一种高营养价值的蔬菜，富含蛋白质、碳水化合物、膳食纤维、维生素、钙、磷、铁、钠等 20 多种营养元素。蛋白质和磷的含量比瓜类高 1 倍，铁的含量比番茄多 20 倍。

三、养生知识

芹菜中具有许多药理活性成分，主要活性成分包括：黄酮类物质、挥发油化合物、不饱和脂肪酸、叶绿素、菇类、香豆素衍生物等。科研人员研究最多、最深入的是芹菜素，芹菜素具有抗肿瘤、抗炎、抗氧化、降血压、扩血管等作用。

红烧面筋

任务目标

（1）能掌握面筋种类、产地信息、生长条件、营养知识，能合理搭配，能独立在案台或者荷台工作中运用合适技法处理原料。

（2）通过观摩教师示范与参与，掌握面筋的选料、炸制、烧制及装盘等技术规范。

（3）能够按照行业岗位规范流程独立完成红烧面筋，并完成菜肴的装盘。

任务导入

一、菜品介绍

面筋是植物性蛋白质，由麦醇溶蛋白和麦谷蛋白组成。将面粉加入适量水、少许食盐，搅匀上劲，形成面团，稍后用清水反复搓洗，把面团中的淀粉和其他杂质全部洗掉，剩下的即是面筋。用手将面筋团成球形，投入热油锅内炸至金黄色捞出即成油面筋。将洗好的面筋投入沸水锅内煮 80 分钟至熟，即是水面筋。红烧面筋，使面筋更入味，风味如"肉"，是一道富有中国特色的素食。

二、课程思政

1936 年，贺龙率领的红二方面军总部来到哈达铺。1985年周龙将军重访哈达铺，心潮澎湃的老将军，仔细辨认当年红二方面军指挥部住址和贺龙、任弼时、关向应住过的张家大院旧址，激动地流下了热泪。临别时，感慨万分地说，到了哈达铺，吃上白馒头，过年了！哈达铺是我们长征路上的加油站啊！

哈达铺的穰皮，当年红军小战士可是很爱吃的。和好的面团，由于经过人力的揉捏和时间的催化，做出来的穰皮，柔韧弹滑，口感别致；面筋绵软筋道，透露着小麦特有的香气。用水洗面筋是一件体力活，又是一件技术活，耗时费力，也最麻烦。五十斤的面粉洗上两三个小时，洗出来的面筋还得上笼屉蒸。面筋蒸好后，放在一旁等待冷却，再把洗过面筋剩下的面糊分次舀到铁皮盘子里，然后放进笼屉中蒸，几分钟后，香喷喷的、亮晃晃的穰皮就出笼了。穰皮放凉后，切成食指状的四棱四方的长条，上面放上几块面筋，浇上调料水，放些葱花和蒜末，淋一勺辣子油，一碗酸爽辣可口的穰皮就能端上餐桌。当地人还喜欢把好吃弹牙、富有营养的面筋和凉粉一起拌着吃，口感更好。

注：面筋虽由面粉制作，但因其与豆制品类似，都含有丰富的植物蛋白，而且二者的烹饪方式也一致。在生活中，面筋也与豆制品一同售卖。故将红烧面筋归于豆制品类的制作类型中。

子任务 1　自主学习

（1）查阅资料，了解面筋的原料知识，从种类、选择整理、加工及保存方式等方面进行调研并做好笔记。

（2）观看口袋视频，了解制作步骤，并回答以下问题。

①怎么撕面筋，能让面筋条更美观？

②老抽的作用是什么？

子任务 2　小组拼图

（1）我们采用小组拼图的方式开始今天的自主学习吧。你加入了哪个小组呢？请根据分组情况填写下面的表格吧！

序号	组别	组员	任务	任务小结
1	食神组		理顺红烧面筋的制作流程	
2	文化组		调查面筋的历史、文化、食用方式等	
3	口诀组		制定红烧面筋的制作口诀	
4	外联组		讨论制定本课程的主题活动	

（2）外联组公布了本课程的主题活动，请将本次的主题活动记录下来吧！

子任务 3　小师傅小试牛刀探工序

（1）填写红烧面筋的制作表。

— 制作表 —

学生姓名	制作班级		授课教师	制作时间		制作地点		
菜肴名称	英文菜名		原料名称、产地		用量/g	单价	单项成本	
手绘稿		主料						
		辅料						
		调料						
		燃料						
		成本总额						预计毛利率

每斤						
每位		色	香	味	形	烹饪时耗	合计时耗
每例						
每份						
建议售价		菜肴特点	烹饪方法	盛装器皿	售卖单位	预计时耗	切配时耗

制作方法

1.

2.

3.

4.

5.

6.

7.

营养成分

饮食禁忌

（2）试做红烧面筋，记录自己的试做体验，并反馈遇到的难点。

（3）自我评价。

项目　　分数　　指标	标准时间/分	选料投料准确	配料合理	刀工处理正确	糊浆使用得当	火候适当	口味适中	色泽恰当	汤汁适宜	操作规范	节约卫生	合计
标准分（百分制）												
扣分												
实得分												

子任务 4　行家出手习诀窍

一、操作概述

（1）初加工：面筋拆散，撕成小段；生姜、蒜头切末，小葱、大蒜切段备用。

（2）炸制：三成热油温下面筋炸至表面金黄起锅备用。

（3）烧制：下底油，下姜末、蒜末爆香；下面筋翻炒；加清水，调味，烧开后改中火烧制4分钟，大火收汁，水淀粉勾芡，淋上香油，撒白胡椒粉、葱段和大蒜段，翻炒均匀起锅装盘。

二、原料

原料：面筋。

辅料：大蒜。

调料：盐、白糖、味精、生姜、蒜头、小葱、生抽、老抽、料酒、白胡椒粉、香油等。

三、初加工

❶面筋拆散，用手撕成长约 8 cm 的小段。
❷❸生姜、蒜头切末备用。
❹❺小葱、大蒜切段备用。

四、炸制

❻❼油烧至三成热，下面筋。
❽炸至表面金黄即可捞出。

五、烧制

❾下底油，下姜末、蒜末爆香。
❿下炸制好的面筋翻炒。
⓫加清水，依次加入盐、白糖、味精、料酒、生抽、老抽调味，大火烧开改中火烧制 4 分钟。烧制入味后，大火收汁，水淀粉勾芡，淋上香油。
⓬加入白胡椒粉、葱段和大蒜段，翻炒均匀起锅。

六、装盘

⓭事先准备好盘头，将面筋盛入盘中堆放即可。

七、操作重难点

（1）面筋用手撕开，撕面筋的时候应顺着它的纹理撕，不可太长，也不可太短，否则影响装盘效果。
（2）淋香油的目的是使食材色泽更加鲜亮，口味更香；老抽用于上色。
（3）可以配少许猪肉。

八、行家出手就是不一样，与你的同伴一起总结红烧面筋的制作口诀

子任务 5 厨王争霸显本领

（1）观看了教师的示范操作，你一定心领神会了，来吧，与同学们比一比，看看今天谁是厨王！

（2）第二次制作红烧面筋，你一定有了长足的进步！请记录你的感受。

子任务 6 温故而知新

一、选择题

（1）面筋是一种（　　）。

A. 动物性蛋白质　　　　B. 植物性蛋白质　　　　C. 动物脂肪　　　　D. 植物脂肪

（2）面筋是由（　　）制成的。

A. 大米　　　　　　　　B. 荞麦　　　　　　　　C. 小麦　　　　　　D. 燕麦

（3）手撕面筋时，应控制在（　　）左右。

A. 5 cm　　　　　　　　B. 8 cm　　　　　　　　C. 10 cm　　　　　　D. 12 cm

（4）烧制面筋的火候掌握是（　　）。

A. 大火、中火、大火　　　　　　　　B. 大火、小火、大火

C. 大火、中火、小火　　　　　　　　D. 小火、中火、大火

（5）关于老抽作用的说法，不正确的是（　　）。

A. 增鲜　　　　　　　　B. 上色　　　　　　　　C. 提香　　　　　　D. 去腥

二、思考题

（1）手撕面筋时需要注意什么？

（2）起锅前淋香油的目的是什么？

（3）你还有更有创意的摆盘方式吗?

子任务 7　主题活动

今天我们学习了制作红烧面筋的方法，请根据子任务中的主题活动，将这美好的过程记录下来，同时也可以把制作的菜品拍成照片粘贴在空白处。

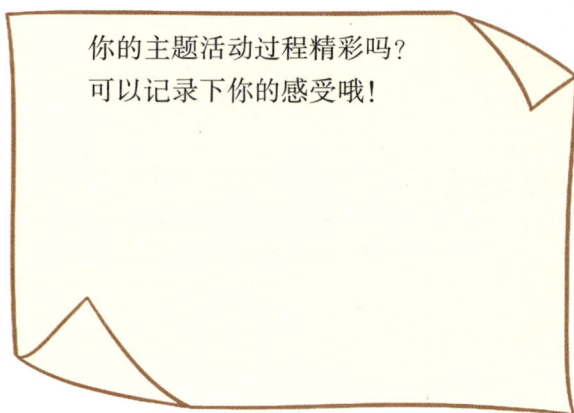

你的主题活动过程精彩吗?
可以记录下你的感受哦!

粘贴照片处

知识拓展

一、原料知识

面筋食品发源于"中国面筋食品之乡"——湖南省平江县，发展至今已有 20 多年的历史，目前生产企业主要分布在湖南、河南、山东、四川、重庆等地，在全国的产业链年产值将近千亿，湖南占了三分之一，主要集中在平江县，是地方支柱产业。生产的产品具有品种多、花色新、口感好的特点。它是以面粉为主要原料，通过配料、混合、挤压熟化、拌料、包装等工艺加工而成的即食休闲零食。

二、营养知识

面筋的营养成分尤其是蛋白质含量，高于猪瘦肉、鸡肉、鸡蛋和大部分豆制品，属于高蛋白、低脂肪、低糖、低热量食物，还含有钙、铁、磷、钾等多种元素，是传统美食。

三、养生知识

（1）《食鉴本草》中记载，面筋"性凉寒，宽中，益气"。

（2）《本草纲目》中记载，面筋"解热，和中，劳热人宜煮食之"。

（3）《医林纂要》中记载，面筋"解面毒，和筋养血，去瘀"。

（4）《随息居饮食谱》中记载，面筋"解热，止渴，消烦"。

蓑衣干子

（1）能掌握香干种类、产地信息、营养知识，能合理搭配，能独立在案台或者荷台工作中运用合适技法处理原料。

（2）通过观摩教师示范与参与，掌握香干的打蓑衣花刀、炸制、卤制及装盘等技术规范。

（3）能够按照行业岗位规范流程独立完成蓑衣干子，并完成菜肴的装盘。

任务导入

一、菜品介绍

香干，一种豆制食品，脍炙人口，耐人品味。香干可制作多种菜肴，可冷拌，可热炒，可油炸，可烤制，做成后鲜香可口。因价廉物美，营养丰富，受到城乡人民的喜爱。

二、课程思政

红军长征后，中共信南县委在洒源堡组建了三支游击队，分散在崇山峻岭的大山里开展艰苦卓绝的斗争。在山里的游击队最短缺的物资是米和盐，为使游击队队员们的生活得到最低的保障，在洒源堡组建了一支民运队，由田古任队长负责给游击队送米送菜，当时的老百姓纷纷把家里的香干与菜干还有大米等物资捐送给游击队。

那时候，民运队为把物资运上山，甚至不惜牺牲自己宝贵的生命。有一天傍晚田古组织了9个人，分成两组运送米菜，走在山脚下，由于叛徒告密，敌人在半山腰拦截，其中两人轻伤，一人重伤。另外6个人听到枪声后在山上隐藏了一个晚上，直至第二天早上终于把物资送到了游击队手里。

游击队接到物资后发现，物资中没有盐，也没有含有盐分的菜，大伙都为此发愁。一位民运队队员当时大腿上中了一枪，鲜血直流，痛得满头大汗，他清醒地意识到，自己运送的物资中有一篓香干，这篓香干能解决游击队的吃盐问题。想到这里，这位民运队队员忍着剧痛，背着这篓香干一拐一拐地前往游击队住处，把这篓香干交给游击队。游击队队员们看到这种情景都流出了眼泪。

为民族的解放，革命先烈生死与共，血脉相连。来之不易的一篓香干，感动了无数人。从那开始，"一篓香干"的感人故事在游击队里就传开了。

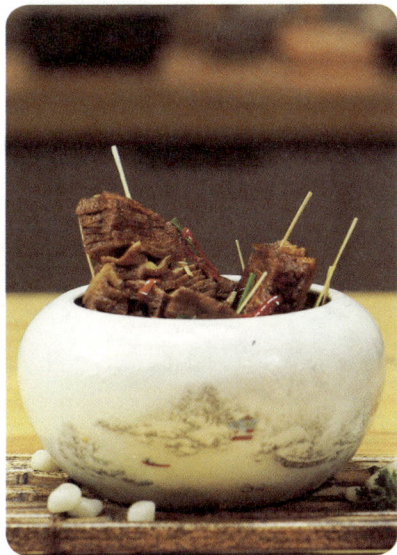

子任务 1　自主学习

（1）查阅资料，了解香干的原料知识，从种类、选择整理、加工及保存方式等方面进行调研并做好笔记。

（2）观看口袋视频，了解制作步骤，并回答以下问题。
①香干打蓑衣花刀的方法是什么？

口袋视频

②卤制时需要注意什么？

子任务 2　小组拼图

（1）我们采用小组拼图的方式开始今天的自主学习吧。你加入了哪个小组呢？请根据分组情况填写下面的表格吧！

序号	组别	组员	任务	任务小结
1	食神组		理顺蓑衣干子的制作流程	
2	文化组		调查香干的历史、文化、食用方式等	
3	口诀组		制定蓑衣干子的制作口诀	
4	外联组		讨论制定本课程的主题活动	

（2）外联组公布了本课程的主题活动，请将本次的主题活动记录下来吧！

子任务 3　小师傅小试牛刀探工序

（1）填写蓑衣干子的制作表。

Note

— 制作表 —

学生姓名		制作班级		授课教师		制作时间		制作地点		单项成本
菜肴名称		英文菜名						单价		
手绘稿								用量/g		

	原料名称、产地	用量/g	单价	单项成本
主料				
辅料				
调料				
燃料				
成本总额				
预计毛利率				

每斤	
每位	色　香　味　形　烹饪时耗　合计时耗
每例	
每份	
建议售价	菜肴特点　烹饪方法　盛装器皿　售卖单位　预计时耗　切配时耗
制作方法	1.　2.　3.　4.　5.　6.　7.
	营养成分　饮食禁忌

（2）试做蓑衣干子，记录自己的试做体验，并反馈遇到的难点。

（3）自我评价。

项目 ＼ 分数 ＼ 指标	标准时间／分	选料投料准确	配料合理	刀工处理正确	糊浆使用得当	火候适当	口味适中	色泽恰当	汤汁适宜	操作规范	节约卫生	合计
标准分（百分制）												
扣分												
实得分												

子任务 4　行家出手习诀窍

一、操作概述

（1）初加工：香干打蓑衣花刀；生姜、蒜头切末；小葱切段；香干用竹签穿好。

（2）炸制：六成热油温下香干，炸至定型备用。

（3）卤制：下底油，下香料炒香，加清水并调味成卤汁；下香干，大火煮沸，小火卤制；香干入味后，撒白胡椒粉和葱段，大火烧开后起锅装盘。

二、原料

原料：香干。

调料：盐、白糖、味精、生抽、老抽、料酒、白胡椒粉、生姜、蒜头、小葱、八角、干辣椒、桂皮、花椒等。

三、初加工

❶❷❸香干切蓑衣花刀。

❹❺❻生姜、蒜头切末，小葱切段，香干用竹签串好。

四、炸制

❼❽❾油烧至六成热，下香干，炸至定型捞出备用。

五、卤制

❿⓫⓬下底油，下姜末、蒜末、八角、桂皮、干辣椒、花椒炒香。加清水，依次加入盐、白糖、味精、料酒、生抽、老抽，调成卤汁。

⓭下香干，大火煮沸后小火慢烧。

⓮香干入味后，加入白胡椒粉和葱段，大火烧开后起锅。

六、装盘

⓯用筷子夹起香干放入器皿内，注意不要把香干夹断或掉落，保证其完整性。将锅内剩下卤汁倒入器皿中即可。

七、操作重难点

（1）打蓑衣花刀的标准是用刀深浅一致，刀纹均匀。

（2）把握好卤制的时间。

八、行家出手就是不一样，与你的同伴一起总结蓑衣干子的制作口诀

子任务 5　厨王争霸显本领

（1）观看了教师的示范操作，你一定心领神会了，来吧，与同学们比一比，看看今天谁是厨王！

（2）第二次制作蓑衣干子，你一定有了长足的进步！请记录你的感受。

子任务 6　温故而知新

扫码看答案

一、选择题

（1）蓑衣干子的烹制方法是（　　）。

A. 白卤　　　　　　　B. 红卤　　　　　　　C. 烧制　　　　　　　D. 煨制

（2）卤制时的火候是（　　）。

A. 大火烧开，小火慢煮　　　　　　　B. 大火烧开，中火慢煮

C. 一直大火熬煮　　　　　　　　　　D. 一直小火慢煮

（3）香干在炸制时的油温控制在（　　）左右。

A. 四成热　　　　　　B. 五成热　　　　　　C. 六成热　　　　　　D. 七成热

（4）炸制香干（　　）时，可以捞出备用。

A. 炸透　　　　　　　B. 炸焦　　　　　　　C. 定型　　　　　　　D. 入味

（5）卤制时没有用到的香料是（　　）。

A. 八角　　　　　　　B. 桂皮　　　　　　　C. 花椒　　　　　　　D. 大葱

二、思考题

（1）切蓑衣花刀需要注意什么？

（2）怎么判断卤制的时间？

（3）你还有更有创意的摆盘方式吗？

子任务 7　主题活动

今天我们学习了制作蓑衣干子的方法，请根据子任务中的主题活动，将这美好的过程记录下来，同时也可以把制作的菜品拍成照片粘贴在空白处。

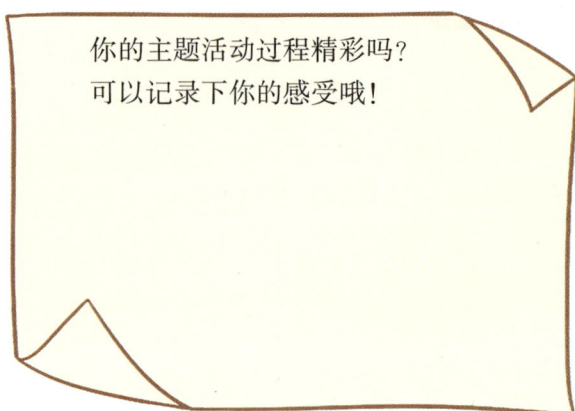

你的主题活动过程精彩吗？
可以记录下你的感受哦！

粘贴照片处

知识拓展

一、原料知识

香干的生产工艺和豆腐的基本相同，不同的是浇制时厚度较小，一般为 5～6 cm，压制时间为 15～30 分钟，要求压制后香干的含水量在 60%～65%，压制后按不同成品的要求切成豆腐白干胚子，即为成品。具体流程：豆浆—煮浆及冷却—点脑—蹲脑—浇制—压制—出包—切块—成品。

二、营养知识

香干含有大量蛋白质、脂肪、碳水化合物，还含有人体所需的钙、磷、铁等多种矿物质，所以香干有着"素火腿"之称。其咸香爽口，硬中带韧。

三、养生知识

香干能够健脾开胃、养心降脂、清除胆固醇、降低血压，一定程度上可预防心脑血管疾病。香干中含有丰富的卵磷脂，可以有效降低血压，防止血管硬化。香干中含有的大豆蛋白经酶水解后会产生多肽，多肽具有抗氧化、降血压的作用。

Note

干煸千张筒

（1）能掌握千张筒种类、产地信息、营养知识，能合理搭配，能独立在案台或者荷台工作中运用合适技法处理原料。

（2）通过观摩教师示范与参与，掌握鸡肉茸的制作、千张卷的制作、千张筒的炸制以及炒制和装盘等技术规范。

（3）能够按照行业岗位规范流程独立完成干煸千张筒，并完成菜肴的装盘。

任务导入

一、菜品介绍

千张筒是将豆腐制成的千张卷成筒状，适合炸制、烧制、干煸等类型的烹饪。本任务中的千张筒的做法加了鸡肉茸。鸡肉茸调味炸制后，增加了千张筒的干香和脆感，是家常风味的干煸千张筒的升级版本，更具有挑战性哦！

二、课程思政

1973 年，周恩来总理陪法国总统蓬皮杜访问杭州。这天下午周总理就要离开杭州了。几天来随行人员十分辛苦，周总理就吩咐秘书说："今天中午，我请大家到楼外楼去吃便饭。"

楼外楼菜馆的员工们一听到周总理要来请客的消息，都非常兴奋。11 时左右，周总理和随行人员谈笑风生地踱过西冷桥，漫步白堤，来到了楼外楼。席间，他热情地与随行人员一一碰杯，感谢他们辛苦地完成了这次接待任务，并向北京来的同志一一介绍杭州名菜：这是活杀活烧的西湖醋鱼，这是产自西湖的油爆大虾，这是叫化子鸡，都是北京人难得吃到的西湖佳肴。当周总理看到服务员端上一盘盘他喜爱的家乡菜，一边举筷品尝，一边又向大家介绍说："好久没有吃到家乡菜了，大家也来尝尝，这是绍兴霉干菜蒸肉、豆芽菜、霉千张，味道不错的嘛！"吃得大家兴高采烈。

饭后，周总理叫秘书去结账。省里同志出来阻拦说："不必总理付了，由我们地方报销吧！"周总理听了说："今天我请大家，当然由我付钱啰！"店里经理知道周总理的脾气，若不收钱，总理会生气的，就收了 10 元钱。谁知周总理又不肯，当即对旁边一位姓姜的服务员说："这许多菜 10 元钱怎么够呢？一定要按牌价收足。"楼外楼经理没办法，只好又收了 10 元钱。这样共收了 20 元钱。

哪里晓得过了 1 个小时，笕桥机场给楼外楼经理打来了电话，说周总理临上飞机前留下 10 元钱，付中午的饭费。楼外楼经理和职工们捧着这 30 元钱，都深深地被总理的这种廉洁奉公精神感动得热泪盈眶。大家商量了一下，决定按总理的吩咐去做，当即把当天午餐的饭菜，按照牌价单仔细地算了一下，总共 19 元 5 角，和普通顾客一样结了账，并给周总理写了份详细报告，附上清单和多

余的 10 元 5 角，寄给了北京国务院周总理办公室。

子任务 1　自主学习

（1）查阅资料，了解千张筒的原料知识，从种类、选择整理、加工及保存方式等方面进行调研并做好笔记。

（2）观看口袋视频，了解制作步骤，并回答以下问题。

①处理鸡胸肉时，为什么要去掉脂皮和筋膜？

②炸制千张筒时需要注意什么？

口袋视频

子任务 2　小组拼图

（1）我们采用小组拼图的方式开始今天的自主学习吧。你加入了哪个小组呢？请根据分组情况填写下面的表格吧！

序号	组别	组员	任务	任务小结
1	食神组		理顺干煸千张筒的制作流程	
2	文化组		调查千张筒的历史、文化、食用方式等	
3	口诀组		制定干煸千张筒的制作口诀	
4	外联组		讨论制定本课程的主题活动	

（2）外联组公布了本课程的主题活动，请将本次的主题活动记录下来吧！

子任务 3　小师傅小试牛刀探工序

（1）填写干煸千张筒的制作表。

Note

— 制作表 —

学生姓名		
菜肴名称		
手绘稿		

制作班级		
英文菜名		

授课教师		
原料名称、产地		

制作时间		
用量/g		

制作地点		
单价		

单项成本

主料	辅料	调料	燃料	成本总额

预计毛利率

每斤								
每位		色	香	味	形	烹饪时耗	合计时耗	
每例								
每份								
建议售价		菜肴特点	烹饪方法	盛装器皿	售卖单位	预计时耗	切配时耗	
制作方法	1.	2.	3.	4.	5.	6.	7.	
							营养成分	饮食禁忌

（2）试做干煸千张筒，记录自己的试做体验，并反馈遇到的难点。

（3）自我评价。

项　目　　　　指　标　　分　数	标准时间/分	选料投料准确	配料合理	刀工处理正确	糊浆使用得当	火候适当	口味适中	色泽恰当	汤汁适宜	操作规范	节约卫生	合计
标准分（百分制）												
扣分												
实得分												

子任务 4　行家出手习诀窍

一、操作概述

（1）初加工：去掉鸡胸肉上的脂皮和筋膜，改刀成鸡肉丝，并用清水漂洗；生姜切丝、小葱切段备用。

（2）制鸡肉茸：鸡胸肉丝放入搅拌机，加清水搅拌，加入盐和味精调味；下浓稠的水淀粉和蛋清继续搅拌上劲备用。

（3）制千张筒：千张皮修整齐，将鸡肉茸涂抹在撒有干淀粉的千张皮上，卷成千张筒；两端用鸡肉茸封住；上蒸锅蒸制10分钟后，改刀成薄片。

（4）炸制、炒制：三成油温下千张筒片，炸至金黄色捞出备用；留底油，下葱段、姜丝爆香，下干辣椒、花椒、白芝麻、千张筒快速翻炒后调味，淋红油、香油，下葱段，炒匀出锅装盘。

二、原料

主料：千张皮。

辅料：鸡胸肉、鸡蛋。

调料：盐、味精、料酒、小葱、生姜、胡椒粉、白芝麻、干辣椒、花椒、香油、红油、干淀粉等。

三、初加工

❶平刀法片去鸡胸肉上的脂皮和筋膜，这些在搅拌时不宜打烂。

❷鸡胸肉先切片再切成宽约3 mm的鸡肉丝。

❸鸡肉丝用清水浸漂去除血液后略挤干水分备用。生姜切丝，小葱切段备用。

四、制鸡肉茸

❹打鸡蛋，留下蛋清备用。

❺准备浓稠的水淀粉。

Note

六七八鸡肉丝倒入搅拌机中，加清水搅拌，在搅拌过程中放盐和味精。将浓稠的水淀粉和蛋清一起加入搅拌器中继续搅拌。待鸡肉搅拌成上劲的鸡肉茸后取出备用。

五、制千张筒

❾千张皮修整整齐，在其上均匀地撒上干淀粉，涂抹均匀。

❿再将鸡肉茸涂抹在千张皮上。

⓫将千张皮卷成千张筒。

⓬两端用鸡肉茸封住。

⓭上蒸锅大火蒸制 10 分钟。将蒸制好的千张筒切成薄片。

六、炸制

⓮⓯油温烧至三成热下千张筒片，用竹筷轻轻搅动防止千张筒片粘黏在一起。炸至千张筒片表面呈金黄色倒出沥油。

七、炒制

⑯留底油，下葱段、姜丝爆香，下干辣椒、花椒、白芝麻。

⑰下千张筒片快速翻炒，下盐、味精、胡椒粉，淋香油、红油，下葱段翻炒均匀起锅。

八、装盘

⑱用筷子夹起千张筒片放入器皿内，注意不要把千张筒片夹断或掉落，保证其完整性。

九、操作重难点

（1）鸡肉茸需搅拌细腻、上劲，稍稠为宜，不可稀。

（2）千张皮分厚与薄两种，应选用薄皮千张，且皮面不得有破损。

（3）扑粉全面均匀，抹茸全面均匀，卷筒时卷紧，两头用鸡肉茸封堵。

十、行家出手就是不一样，与你的同伴一起总结干煸千张筒的制作口诀

子任务 5　厨王争霸显本领

（1）观看了教师的示范操作，你一定心领神会了，来吧，与同学们比一比，看看今天谁是厨王！

（2）第二次制作干煸千张筒，你一定有了长足的进步！请记录你的感受。

子任务 6　温故而知新

扫码看答案

一、选择题

（1）下列关于干煸千张筒选材有误的一项是（　　）。

A. 选用薄的千张皮　　　　　　　　　B. 选择完整无破损的千张皮

C. 选择厚实的千张皮　　　　　　　　D. 选择无特殊气味的千张皮

（2）鸡肉丝漂洗的作用是（　　）。

A. 洗去血水　　　　　B. 增香　　　　　C. 提鲜　　　　　D. 以上都不对

（3）以下关于蛋清在制鸡肉茸中的作用不正确的一项是（　　）。

A. 提鲜　　　　　B. 增白　　　　　C. 增嫩　　　　　D. 使口感有韧劲

（4）蒸制千张筒时，应该（　　）。

A. 大火蒸制 5 分钟　　B. 大火蒸制 10 分钟　　C. 中火蒸制 10 分钟　　D. 中火蒸制 5 分钟

（5）炸制千张筒的油温应控制在（　　）。

A. 一成　　　　　B. 二成　　　　　C. 三成　　　　　D. 四成

二、思考题

（1）制鸡肉茸的标准是什么？

（2）制作本任务菜品应选择什么样的千张皮？

（3）你还有更有创意的摆盘方式吗？

子任务 7 主题活动

今天我们学习了制作干煸千张筒的方法，请根据子任务中的主题活动，将这美好的过程记录下来，同时也可以把制作的菜品拍成照片粘贴在空白处。

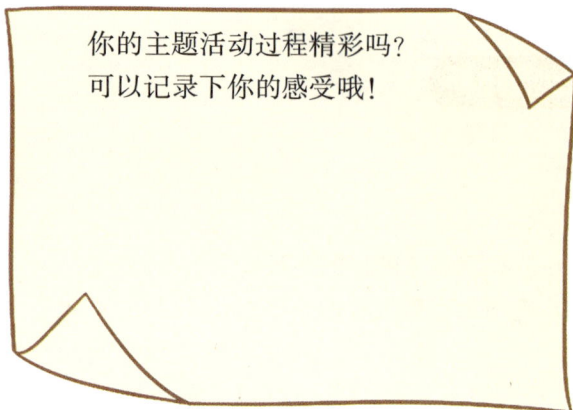

你的主题活动过程精彩吗？
可以记录下你的感受哦！

粘贴照片处

→ 知识拓展

一、原料知识

千张为传统豆制品，色黄白。可凉拌，可清炒，可煮食。先将黄豆制作成豆腐脑，再用竹具搅匀，用瓢浇进事先放在专用木架上约 26 cm 见方，10 cm 高、内放有同样大小布巾的木匣上，每浇 1 层就盖 1 层棉布片，可浇至 1 m 以上，再将略小于木匣的木头压进匣内，将水榨干，再把布巾从匣内取出来，用水轻轻地一层层剥下来，每 10 张为 1 把，豆皮两面的皮纹清晰可见，恰似一块长方形的手帕。

二、营养知识

千张含有丰富的蛋白质、卵磷脂、钙、氨基酸、脂肪、矿物质等营养物质，营养价值较高，其功效主要是补充营养、促进代谢、增进食欲等。

三、养生知识

千张属于豆制品，其中的蛋白质含量较高，且属于完全蛋白，容易被人体消化吸收。人体吸收后的蛋白质可分解产生氨基酸，促进机体的基础代谢，满足人体的生命活动。霉千张是利用毛霉等微生物发酵千张而制成的豆制品，通常表面有一层白色的毛霉菌丝。霉千张的口感软糯咸鲜，能增进食欲，适量进食霉千张还可以起到开胃的作用。